L'ÂME HUMAINE

L'ÂME HUMAINE

Explication de l'œuvre *Quaestiones Disputatae de Anima* de Saint Thomas d'Aquin

Miguel Grosso

Première édition. Décembre 2024
Copyright © 2024 Miguel Alberto Grosso
ISBN: 9798302750044
grossomiguel2005@yahoo.com.ar
Publication indépendante
Tous droits réservés

Titre original: *El alma humana. Explicación de la obra "Quaestiones Disputatae de Anima" de Santo Tomás de Aquino.*
(2024)
Auteur: Miguel Grosso

INDEX

INTRODUCTION 1
1. QUESTION 1 : si l'âme peut être une forme et en même temps quelque chose en soi...5
2. QUESTION 2 : si l'âme humaine, en ce qui concerne son acte d'exister, est séparée du corps 16
3. QUESTION 3 : S'il existe un intellect possible, ou une âme intellective, pour tous les hommes 26
4. QUESTION 4 : S'il est nécessaire d'admettre l'existence d'un intellect agent ..36
5. QUESTION 5 : Si un intellect agent séparé existe pour tous les hommes........44
6. QUESTION 6 : L'âme est-elle composée de matière et de forme ? 54
7. QUESTION 7 : Si l'ange et l'âme sont d'espèces différentes 65
8. QUESTION 8 : Si l'âme rationnelle doit être unie à un corps tel que celui qu'a l'homme 77
9. QUESTION 9 : Si l'âme est unie à la matière corporelle par un intermédiaire 87
10. QUESTION 10 : Si l'âme existe dans tout le corps et dans chacune de ses parties 95
11. QUESTION 11 : Si l'âme rationnelle, sensitive et végétative chez l'homme sont substantiellement une et la même 103
12. QUESTION 12 : Si l'âme est ses puissances...112
13. QUESTION 13 : Si les puissances de l'âme se distinguent entre elles par leurs objets..120
14. QUESTION 14 : Si l'âme humaine est incorruptible 130
15. QUESTION 15 : Si l'âme séparée du corps peut comprendre......................139
16. QUESTION 16 : Si l'âme, lorsqu'elle est unie au corps, peut comprendre les substances séparées 149
17. QUESTION 17 : Si l'âme, lorsqu'elle se sépare du corps, peut connaître les substances séparées 155
18. QUESTION 18 : Si l'âme, séparée du corps, connaît toutes les choses naturelles..161
19. QUESTION 19 : Si les puissances sensitives demeurent dans l'âme séparée 172
20. QUESTION 20 : Si l'âme séparée du corps connaît les êtres particuliers.....180
21. QUESTION 21 : Si l'âme, séparée du corps, peut souffrir le châtiment du feu corporel..190
À LA MANIÈRE D'UN ÉPILOGUE 198
NOTES

L'AME HUMAINE

INTRODUCTION

1- Qu'est-ce qu'une *Quaestio disputata* ?

La *quaestio* était une méthode fondamentale d'enseignement et de débat académique dans les universités médiévales, en particulier dans le domaine de la philosophie et de la théologie. Ce format structuré, consistant à poser une question, analyser différentes perspectives et parvenir à une conclusion fondée, constituait le cœur de l'éducation scolastique.

Les racines de la *quaestio* remontent à l'Antiquité classique, dans la tradition rhétorique et dialectique. Cependant, c'est au Moyen Âge, notamment dans les universités du XII siècle, que cette méthode s'est consolidée pour devenir un outil clé dans la transmission du savoir. L'Université de Paris, en particulier, a joué un rôle crucial dans la formalisation de la *quaestio*.

La *quaestio* se déroulait en trois étapes principales :

> 1- ***Lectio*** : Le maître sélectionnait un texte d'autorité (comme la Bible ou les œuvres d'Aristote) et l'analysait en profondeur avec ses étudiants
>
> 2- ***Quaestio*** : À partir de cette lecture, une question spécifique était formulée, nécessitant une réponse argumentée
>
> 3- ***Disputatio*** : Un débat était organisé, au cours duquel les étudiants présentaient des arguments pour et contre la thèse posée. Le maître, jouant le rôle d'arbitre, guidait la discussion et offrait une réponse définitive

Il existait différents types de *quaestiones*, chacune avec ses propres caractéristiques :

> ***Quaestio disputata*** : Débat formel où deux étudiants défendaient des positions opposées

> ***Quaestio quodlibetalis*** : Débat ouvert où tout membre de la communauté universitaire pouvait poser une question
>
> ***Quaestio terminabilis*** : Débat centré sur un sujet spécifique et d'une durée limitée

Le rôle du maître dans la *quaestio* était fondamental. Il sélectionnait les textes, formulait les questions, guidait les discussions et donnait la réponse finale. Les étudiants, quant à eux, participaient activement au débat, développant leurs compétences d'analyse, d'argumentation et de synthèse.

La *quaestio* a eu un impact profond sur le développement de la pensée occidentale. Parmi ses principaux apports :

> **Encouragement de la pensée critique** : La *quaestio* poussait les étudiants à analyser différentes perspectives, évaluer les arguments et former leur propre jugement
>
> **Développement des compétences communicatives** : Les débats favorisaient la capacité à exprimer des idées de manière claire et concise, ainsi qu'à répondre aux objections des autres
>
> **Consolidation du savoir** : La *quaestio* a contribué à la systématisation des connaissances et à la construction de corpus doctrinaux solides

Bien que la *quaestio* en tant que méthode d'enseignement formelle ne soit plus utilisée, son héritage demeure vivant dans l'éducation contemporaine. De nombreux principes de la *quaestio*, comme l'importance du débat, l'analyse critique et la recherche de la vérité, restent pertinents et sont appliqués dans divers contextes, des salles de classe aux forums de discussion en ligne.

2- *Quaestiones Disputatae de Anima*

L'AME HUMAINE

Dans les années 1960, James H. Robb (1918-1993), professeur de philosophie médiévale à l'Université Marquette, a évalué les sources et la bibliographie des *Quaestiones disputatae de Anima* de Saint Thomas d'Aquin. Il a conclu que les études existantes étaient insuffisantes pour une recherche historique approfondie. Déterminé à créer une nouvelle édition critique, Robb s'est rendu en Europe pour consulter des manuscrits originaux et a bénéficié du soutien de professeurs éminents tels qu'Étienne Gilson.

Son travail a abouti à la première édition critique de la tradition non parisienne de cette œuvre, publiée en 1968 en latin. Cette édition a permis la réalisation de la traduction espagnole actuelle, basée sur le texte de Robb.

La première édition imprimée des *Quaestiones disputatae de Anima* date de Venise en 1472. Au fil du temps, diverses éditions ont vu le jour, parmi lesquelles l'édition Piana de Rome (1570-1571), promue par le pape Pie V pendant le Concile de Trente. Bien que cette édition visait à préserver l'authenticité des textes de Saint Thomas et à éviter les altérations doctrinales, ce n'était pas une édition critique, mais une compilation basée sur des textes existants. Son influence a été immense, servant de base à des éditions ultérieures à Anvers, Paris et Parme, qui, cependant, manquaient également d'une révision critique exhaustive.

Seule l'édition parisienne réalisée par les Éditions Vivès (1871-1882) a utilisé des manuscrits traditionnels, en particulier pour la *Somme théologique* et la *Somme contre les Gentils*, bien que les *Quaestiones disputatae* aient conservé le texte de la Piana sans modifications.

L'édition de Robb est donc cruciale, étant la première édition critique distincte de la Piana. Concernant l'authenticité, Robb affirme lui-même que personne n'a remis en question l'authenticité des *Quaestiones disputatae de Anima*. Dès la fin du XIII□ siècle et le début du XIV□ siècle, elles figuraient dans les catalogues de l'Université de Paris, comme ceux de Ptolémée de Lucques, Bernard Gui, Barthélémy de Capoue, Nicolas Trivet, Jean de Cologne et Guillaume de Tocco.

L'œuvre *Quaestio disputata de Anima*, ou *Quaestio unica de Anima*, a traditionnellement été nommée selon l'édition romaine de 1570, mais des recherches historiques montrent que dans les manuscrits et premières éditions, elle était considérée comme une série de 21 questions et non une question unique divisée en articles. Ce fait renforce la dénomination *Quaestiones Disputatae de Anima*, plus fidèle à la tradition manuscrite.

On ignore la date exacte à laquelle Saint Thomas a disputé ces questions. Toutefois, les preuves suggèrent qu'elles ont été discutées à Paris en 1269. Ces disputes publiques, réalisées avec des élèves avancés, étaient formalisées par le maître après leur tenue. Toutes les *Quaestiones disputatae* de Saint Thomas ont été rédigées par lui-même, et non rapportées par des tiers, ce qui renforce leur authenticité.[1]

1. QUESTION 1 : si l'âme peut être une forme et en même temps quelque chose en soi

> Saint Thomas expose les arguments de divers auteurs, selon lesquels il semble que l'âme humaine ne peut pas être *hoc aliquid* ("quelque chose en soi") tout en étant la *forme* (principe d'organisation) du corps

1- Si l'âme humaine est *hoc aliquid* ou "quelque chose en soi" (c'est-à-dire une substance indépendante), elle possède alors un être complet par elle-même. Selon cette logique, toute chose ajoutée à un être complet s'unit à lui de manière accidentelle, comme la couleur blanche (accident de qualité) sur une personne ou les vêtements (accident de possession). Par conséquent, si l'âme est quelque chose d'indépendant et complet, le corps, en s'unissant à elle, le ferait de manière accidentelle, comme un élément extérieur, et, par conséquent, l'âme ne pourrait pas être la **forme substantielle** du corps. Cela impliquerait que l'âme ne serait pas véritablement intégrée en tant que principe constitutif du corps humain, mais serait une entité séparée et extérieure à celui-ci.

2- Si l'âme est quelque chose en soi *(hoc aliquid)*, elle doit alors être quelque chose d'individuel, car aucun universel ne peut être quelque chose en soi. Cette individuation de l'âme doit provenir d'autre chose ou d'elle-même. Si l'individuation provient d'autre chose et que l'âme est la forme du corps, alors cette individuation proviendrait du corps (puisque les formes se particularisent ou s'individualisent à travers leur matière). Par conséquent, en se séparant du corps, l'individuation de l'âme disparaîtrait. Cela impliquerait que l'âme ne peut pas exister en tant que substance séparée et individuelle.

Si l'âme s'individue par elle-même, il y aurait deux possibilités : ou elle est une forme simple (sans composition de matière et de forme) ou elle est quelque chose de composé de matière et de forme.

A. Si elle était une forme simple, alors les âmes individualisées ne pourraient se différencier les unes des autres qu'en fonction de leur forme, ce qui engendrerait une différence en espèce entre les âmes des différentes personnes. Cela conduirait à la conclusion que les êtres humains différeraient entre eux en espèce, ce qui contredit la notion d'humanité partagée.

B. Si l'âme est composée de matière et de forme, alors elle ne pourrait pas être la forme du corps, car la matière ne peut pas être la forme de quelque chose. Cela contredit également l'idée que l'âme puisse être à la fois quelque chose d'indépendant *(hoc aliquid)* et la forme du corps.

3- Si l'âme est un "individu en soi", elle doit alors appartenir à une espèce et à un genre spécifiques. Cependant, si l'âme a sa propre espèce et genre, il serait impossible que cette âme (avec sa propre nature spécifique) s'unisse au corps pour former une nouvelle espèce en son ensemble (l'être humain) sans changer la nature de l'union.

Si l'âme possède déjà sa propre espèce et son propre genre, elle ne pourrait alors pas s'unir au corps comme forme, car une forme ou une espèce déjà constituée n'accepte pas une "superaddition" d'une autre sans perdre son identité originelle (selon Aristote, les formes fonctionnent comme des nombres ; si l'on y ajoute ou retire quelque chose, leur essence change). Ainsi, l'âme ne pourrait pas agir comme forme du corps, car elle serait déjà une espèce à part, et l'union avec le corps pour constituer une nouvelle espèce serait impossible.

4- Dieu, dans Sa bonté, a créé l'univers avec une hiérarchie d'êtres, chacun occupant un niveau spécifique. Si l'âme humaine pouvait subsister par elle-même, comme "quelque chose en soi" *(hoc aliquid)*, elle occuperait un niveau dans la hiérarchie des êtres. Cependant, les formes, par elles-mêmes et sans matière, ne constituent pas de niveaux d'êtres séparés. Par conséquent, si l'âme est un "quelque chose en soi", elle ne pourrait pas être la forme d'une matière, comme le corps humain.

5- Si l'âme est "quelque chose en soi" et subsiste par elle-même, elle doit alors être incorruptible, car elle n'est pas composée de contraires (opposés), ce qui est caractéristique des êtres corruptibles. Cependant, le corps humain est corruptible et, dans la doctrine scolastique, une forme doit être proportionnée à sa matière. Ainsi, si l'âme est incorruptible, elle ne pourrait pas être la forme du corps humain corruptible, car il n'y aurait pas de proportionnalité entre les deux.

6- Seul Dieu est acte pur, c'est-à-dire existence pleine sans potentialité. Si l'âme était un "quelque chose en soi", indépendant et subsistant, elle devrait posséder une combinaison d'acte et de puissance. Mais étant donné qu'une forme ne peut pas être en puissance, le fait que l'âme ait un certain degré de potentialité l'empêcherait d'être la forme du corps.

7- L'âme s'unit au corps pour une certaine utilité, qu'elle soit essentielle ou accidentelle. L'union essentielle n'est pas nécessaire, car l'âme peut exister sans le corps. Il ne semble pas non plus y avoir d'union accidentelle, car le principal bénéfice accidentel, la connaissance acquise par les sens, ne se justifie pas ; certains pensent que les âmes des enfants qui meurent avant de naître possèdent une connaissance parfaite sans avoir fait l'expérience des sens. Cela suggère que, si l'âme est un "quelque chose en soi", elle n'a aucune raison de s'unir au corps en tant que forme.

8- Selon Aristote, la substance se divise en trois parties opposées : forme, matière et *hoc aliquid* (un "quelque chose en soi"). Comme forme et *hoc aliquid* sont opposés, ils ne peuvent coexister dans un même être. Il en résulte que l'âme humaine ne peut pas être à la fois forme et *hoc aliquid*.

9- Ici, il est avancé qu'une entité qui est "quelque chose en soi" doit exister de manière indépendante, tandis que la nature d'une forme est d'être dans une autre chose (c'est-à-dire d'être une partie constitutive de quelque chose d'autre). Comme subsister par soi-même et être dans une autre chose sont des qualités opposées, si l'âme est "quelque chose en soi", elle ne peut donc pas être la forme du corps.

10- Si l'âme subsiste après la mort du corps et, dans cet état, perd sa nature de forme, alors la caractéristique de "forme" est accidentelle pour l'âme. Cependant, l'âme ne s'unit au corps que comme forme, et si cette union est accidentelle, l'être humain ne serait pas un "être" essentiel, mais un "être accidentel". Cela est incompatible avec la vision de la personne humaine comme une unité substantielle de corps et d'âme, ce qui est considéré comme inacceptable dans la philosophie thomiste.

11- Si l'âme humaine est *hoc aliquid* (une entité indépendante et existant par elle-même), elle devrait avoir une opération propre, car tout être qui existe par lui-même réalise une activité particulière. Cependant, il est avancé que l'opération intellectuelle *(intelligere=* l'acte d'intellection*)*, qui semble propre à l'âme, n'appartient pas exclusivement à l'âme, mais à l'homme en tant qu'être composé de corps et d'âme. On en conclut donc que l'âme n'est pas *hoc aliquid* au sens d'une entité indépendante.

12- Si l'âme humaine est la forme du corps, elle devrait dépendre du corps dans une certaine mesure, étant donné que la forme et la matière sont interdépendantes. Ainsi, ce qui dépend d'un autre n'est pas *hoc aliquid* (une entité entièrement indépendante), donc si l'âme dépend du corps, elle ne peut être considérée comme *hoc aliquid*.

13- Comme l'âme et le corps appartiennent à des genres différents (l'âme appartient au genre des substances incorporelles, tandis que le corps est une substance corporelle), ils ne peuvent pas partager un même "être". Par conséquent, l'âme ne pourrait être la forme du corps si son "être" n'est pas partagé avec le corps.

14- L'être du corps est corruptible et composé de parties quantitatives, tandis que l'être de l'âme est incorruptible et simple. Ainsi, l'âme et le corps ne partagent pas un même "être", ce qui indique que l'âme ne peut être simplement la forme du corps.

15- Bien qu'il soit soutenu que le corps humain obtient son "être" par l'âme, on répond en citant Aristote, qui affirme que l'âme est l'acte d'un corps physique organique. Par conséquent, le corps, en tant que sujet organique, doit déjà être un corps constitué dans le genre corporel par une forme quelconque. Ainsi, le corps humain possède son propre "être" en dehors de l'âme.

16- Les principes essentiels comme la matière et la forme s'orientent vers l'"être". Lorsque quelque chose peut être complet avec un seul principe, il n'en faut pas deux. Si l'âme a son propre "être" en tant que *hoc aliquid*, le corps ne s'unirait naturellement à elle que comme matière servant de support à la forme.

17- L'"être" (=exister= acte d'exister= *actus essendi*) agit dans la substance de l'âme comme son acte, et devrait être le plus suprême en elle. Étant donné que l'inférieur n'atteint pas le supérieur dans sa partie la plus élevée, mais seulement dans sa partie inférieure, le corps (en tant qu'inférieur à l'âme) ne pourrait participer à l'"être" qui est suprême dans l'âme.

18- Les choses qui partagent un même "être" partagent aussi une opération unique. Si l'*esse* (=exister= acte d'exister= *actus essendi*) de l'âme humaine unie au corps était commun avec le corps, alors son opération, qui est *intelligere* (l'acte d'intellection, l'acte d'abstraction des essences), devrait également être commune au corps, ce qui est impossible, comme le démontre Aristote. Ainsi, l'âme et le corps ne peuvent avoir un même "être", ce qui suggère que l'âme ne peut être simplement la forme du corps et *hoc aliquid*.

> Ensuite, Saint Thomas expose deux arguments d'autorité, selon lesquels l'âme peut être une forme et en même temps une entité en soi

1- Chaque chose obtient son espèce par sa forme propre. Dans le cas de l'être humain, son identité et son essence spécifique résident dans sa rationalité, c'est-à-dire dans sa capacité de raisonner. Par conséquent, on conclut que l'âme rationnelle est la forme spécifique de l'être humain, car c'est la rationalité qui définit essentiellement ce qu'est l'homme. Ainsi, l'âme rationnelle se présente comme la forme qui fait de l'homme ce qu'il est, lui donnant son identité spécifique.

Ensuite, il est souligné que l'âme rationnelle est *hoc aliquid* (une entité subsistante) car elle opère indépendamment. En particulier, la capacité intellectuelle de comprendre ne dépend pas d'un organe corporel. Dans *De Anima*, Aristote établit que l'opération intellectuelle est indépendante du corps. Cela signifie que l'âme humaine possède une existence propre et est capable d'opérer sans besoin du corps. En conséquence, on affirme que l'âme humaine peut être à la fois *hoc aliquid* et la forme du corps, puisqu'elle est indépendante dans ses opérations intellectuelles, mais qu'elle est aussi ce qui définit l'essence humaine.

2- Enfin, il est soutenu que la perfection ultime de l'âme humaine réside dans la capacité de connaître la vérité, ce qui se produit par l'intellect. Pour atteindre cette perfection dans la connaissance de la vérité, l'âme doit être unie au corps, car elle dépend des *phantasmata* (images sensibles) générées par les sens corporels. Les *phantasmata* sont des images ou représentations des choses perçues qui sont essentielles au processus de connaissance intellectuelle. Étant donné que ces images n'existent pas sans le corps, l'âme doit s'unir au corps en tant que forme pour pouvoir réaliser cette opération.

> Ensuite, Saint Thomas offre sa propre réponse à la Question posée sur la nature de l'âme et sa relation avec le corps

En ce sens, il présente l'âme humaine comme quelque chose d'unique en son genre, étant à la fois forme du corps et une entité subsistante (hoc aliquid), capable d'opérer indépendamment de la matière. Cet argument combine des principes aristotéliciens avec des idées chrétiennes et se développe de la manière suivante :

1- Le concept de *hoc aliquid* et sa relation avec l'âme humaine. Saint Thomas commence par clarifier le concept de *hoc aliquid*, qui fait référence à un individu concret dans le genre des substances. En suivant Aristote, il explique que les substances primaires *(primae substantiae)* sont, sans aucun doute, *hoc aliquid*, tandis que les substances secondaires *(secundae substantiae)*, bien qu'elles semblent avoir une entité similaire, expriment en réalité une qualité ou une essence commune à plusieurs individus.

Dans le cas de l'âme humaine, non seulement elle peut subsister par elle-même, mais elle est également quelque chose de complet et spécifique dans le genre des substances. Bien qu'elle s'unisse au corps, l'âme maintient son indépendance et ses caractéristiques propres, ce qui la distingue des autres formes matérielles qui n'ont pas de subsistance en elles-mêmes, comme les parties du corps (main ou pied).

2- Rejet des théories alternatives sur la nature de l'âme. Le Docteur Angélique s'oppose aux idées d'Empédocle et de Galien, qui voyaient l'âme comme une harmonie ou une combinaison de qualités corporelles. Pour Saint Thomas, ces idées n'expliquent pas adéquatement la nature des opérations de l'âme, comme la croissance et la nutrition dans les plantes (âme végétative) ou la perception sensorielle chez les animaux (âme sensitive), car ces opérations requièrent un principe supérieur aux simples qualités matérielles.

De plus, ces théories sont encore moins satisfaisantes pour expliquer l'âme rationnelle, dont l'activité intellectuelle, incluant la compréhension et l'abstraction de concepts universels, transcende les limitations matérielles et requiert une indépendance du corps.

3- L'âme rationnelle comme subsistante et unie au corps en tant que forme. Saint Thomas soutient que l'âme rationnelle non seulement subsiste par elle-même, mais qu'elle réalise des opérations, comme la compréhension (l'acte d'abstraction des essences), qui sont complètement indépendantes du corps. Cela est dû au fait que la compréhension n'a pas besoin d'un organe corporel pour fonctionner, ce qui démontre que l'âme rationnelle a un mode d'existence indépendant du corps.

En suivant Aristote et Platon, il affirme que l'intellect est une substance incorruptible. Platon considérait l'âme comme quelque chose d'immortel et capable de se mouvoir par elle-même. Il comprenait l'être humain comme une âme "habitant" un corps, de façon semblable à un marin dans un navire. Saint Thomas ne partage pas cette opinión.

4- La relation entre l'âme et le corps chez l'être humain. Saint Thomas explique que l'âme est ce qui donne vie au corps, et que cette union n'est pas purement accidentelle. L'âme est la forme du corps humain, donnant son être et son espèce à tout le corps et à ses parties. Lorsque l'âme se sépare, les parties du corps perdent leurs noms et fonctions originelles, car elles ne remplissent plus leur rôle vital. Cela démontre que l'union entre l'âme et le corps est essentielle.

La mort, qui est la séparation de l'âme et du corps, implique une corruption substantielle, renforçant l'idée que l'âme est la forme substantielle du corps et non une forme accidentelle.

5- L'âme humaine, entre substances corporelles et substances séparées. Il conclut que l'âme humaine, en tant qu'unie au corps, a une nature qui se situe entre les substances purement matérielles et les substances purement spirituelles. Cette union permet à l'âme humaine d'accomplir une opération qui transcende la matière et, en même temps, d'atteindre une perfection unique dans la connaissance à la fois du matériel et de l'universel.

L'existence de l'âme humaine est donc élevée au-dessus du corps, bien qu'elle ait besoin de lui pour sa perfection et son opération complète dans l'espèce humaine. Cette double nature place l'âme humaine à un niveau intermédiaire entre les substances purement matérielles et les substances purement spirituelles.

> Ensuite, Saint Thomas répond à chacun des dix-huit arguments présentés initialement, selon lesquels l'âme humaine ne peut pas être à la fois une forme et une entité en soi

1- Première objection. Saint Thomas explique que, bien que l'âme possède un "être complet", il ne s'ensuit pas que le corps lui soit uni de manière accidentelle. Le même "être" de l'âme est partagé avec le corps, créant une unité dans l'être du composé entier. De plus, bien que l'âme puisse subsister par elle-même, elle n'a pas une "espèce complète" sans le corps, nécessaire à sa perfection.

2- Deuxième objection. Toute entité possède l'être et l'individuation de manière simultanée. Les universaux existent dans la réalité uniquement lorsqu'ils sont individualisés. Ainsi, l'existence de l'âme est donnée par Dieu comme cause active et elle est dans le corps comme dans sa matière, sans dépendre de celui-ci pour sa permanence après la mort du corps.

3- Troisième objection. L'âme humaine n'est pas un *hoc aliquid* comme une substance ayant une espèce complète, mais comme une partie qui compose une espèce complète, comme cela a été expliqué. C'est pourquoi l'argument ne tient pas.

4- Quatrième objection. Bien que l'âme humaine puisse subsister par elle-même, elle n'a pas une espèce complète, donc les âmes séparées ne formeraient pas un seul "degré d'être" comme les autres êtres complets.

5- Cinquième objection. Le corps humain est la matière proportionnée à l'âme, se comparant à elle comme la puissance à l'acte. Il n'est pas nécessaire qu'ils soient égaux en vertu de l'être – c'est-à-dire qu'ils n'ont pas besoin de partager une nature ou un niveau de perfection identique –, car l'âme n'est pas une forme entièrement contenue par la matière, ce qui se manifeste par le fait que certaines opérations de l'âme dépassent la matière. Selon la foi, le corps a été créé incorruptible, mais en raison du péché, il a été soumis à la mort, de laquelle il sera libéré lors de la résurrection.

6- Sixième objection. L'âme humaine, en tant que subsistante, est composée de puissance et d'acte. Son essence *(essentia)* n'est pas son être *(esse=actus essendi),* mais elle est en relation avec celui-ci comme la puissance avec l'acte. Cela n'empêche pas que l'âme puisse être la forme du corps, car, dans d'autres cas, quelque chose qui est acte en un aspect peut être puissance en un autre.

7- Septième objection. L'âme s'unit au corps tant par la perfection substantielle (pour compléter l'espèce humaine) que par la perfection accidentelle, puisque l'acquisition de la connaissance intellectuelle provient des sens. Bien que les âmes des enfants ou des défunts aient un autre mode de connaissance, cela est davantage dû à la séparation qu'à l'essence humaine.

8- Huitième objection. Il n'est pas nécessaire que ce qui est "hoc aliquid" soit composé de matière et de forme, mais seulement qu'il puisse subsister par lui-même. Bien que le composé soit "hoc aliquid", cela n'empêche pas que d'autres choses puissent également être "hoc aliquid".

9- Neuvième objection. Quelque chose qui existe dans un autre comme un accident dans un sujet perd la qualité de "hoc aliquid". Cependant, quelque chose qui est dans un autre comme une partie ne perd pas nécessairement cette qualité, comme l'âme dans l'homme.

10- Dixième objection. Lorsque le corps périt, l'âme ne perd pas sa nature de forme, bien qu'elle ne mette plus en acte la matière, car elle reste une forme en puissance.

11- Onzième objection. L'acte d'abstraction des essences est une opération propre de l'âme en tant que principe qui ne dépend pas du corps. Cependant, le corps participe à l'intellect du point de vue de l'objet, puisque les images *(phantasmata),* objet de l'intellect, nécessitent des organes corporels.

12- Douzième objection. L'âme dépend du corps dans la mesure où elle a besoin du corps pour compléter son espèce, mais pas au point de ne pouvoir exister sans lui.

13- Treizième objection. Pour que l'âme soit forme du corps, l'"être" de l'âme et du corps doit être commun, c'est-à-dire l'"être" du composé. Cela n'est pas empêché par la différence de genres entre l'âme et le corps, car les deux n'appartiennent à un genre qu'en tant que parties du composé.

14- Quatorzième objection. Ce qui se corrompt proprement n'est ni la forme ni la matière, mais le composé. Le corps est dit corruptible dans la mesure où il perd l'"être" qu'il partageait avec l'âme, qui subsiste par elle-même.

15- Quinzième objection. Dans les définitions des formes, on utilise parfois le sujet en puissance, comme en disant que le mouvement est l'acte de ce qui est en puissance. De la même manière, l'âme est l'acte du corps organique, car elle en fait un corps organisé.

16- Seizième objection. Les principes essentiels d'une espèce ne sont ordonnés qu'à l'"être" en général, mais à l'être de cette espèce particulière. Bien que l'âme puisse exister par elle-même, elle ne peut réaliser son espèce sans le corps.

17- Dix-septième objection. Bien que l'être soit la forme la plus parfaite, c'est aussi ce qui est le plus communicable. Le corps participe à l'être de l'âme, bien que d'une manière moins noble.

18- Dix-huitième objection. Bien que l'"être" de l'âme soit en quelque sorte partagé avec le corps, ce dernier ne participe pas à toute la noblesse et vertu de l'"être" de l'âme, ce qui fait qu'il y a des opérations de l'âme auxquelles le corps ne participe pas.

2. QUESTION 2 : si l'âme humaine, en ce qui concerne son acte d'exister, est séparée du corps

> **Saint Thomas expose les arguments de divers auteurs,** selon lesquels il semble que l'âme humaine soit séparée du corps selon l'être (exister = acte d'être = acte d'exister = *actus essendi*)

1- Il est mentionné que dans *De Anima* III, *Le Philosophe* (Aristote) affirme que le sensitif ne peut exister sans un corps, mais que l'intellect est séparé. Comme l'intellect est identifié à l'âme humaine, il est conclu que l'âme humaine est aussi séparée du corps en ce qui concerne son acte d'exister.

2- Cet argument affirme que l'âme est l'acte du corps physique organique et que le corps est son organe. Si l'intellect est uni au corps en tant qu'existant comme une forme, alors le corps devrait être son organe, ce qui est considéré comme impossible selon Aristote. Cela implique que l'intellect ne peut être uni au corps de la même manière qu'une forme est unie à la matière.

3- Il est établi que l'union de la forme avec la matière est plus intense que l'union d'une puissance avec son organe. Comme l'intellect est simple et ne peut être concrètement uni au corps comme l'est la puissance avec l'organe, il est conclu qu'il peut encore moins s'unir au corps comme la forme s'unit à la matière.

4- Cet argument aborde la relation entre l'intellect, compris comme puissance intellective, et le corps, partant de la prémisse que l'intellect n'a pas d'organe physique. Il est établi qu'à la différence des autres puissances de l'âme qui dépendent d'un corps organique pour fonctionner, l'intellect opère sans en avoir besoin. On suggère que l'essence de l'âme intellective pourrait s'unir au corps comme forme, mais cette idée pose un conflit avec la notion selon laquelle l'intellect ne peut être un acte du corps. De plus, il est soutenu que "l'effet n'est pas plus simple que sa cause". Cela signifie que si une puissance, telle que celle de l'intellect, est un effet de l'essence de l'âme, elle ne peut être plus simple que l'essence de cette âme, ce qui implique que l'essence de l'âme possède une complexité qui n'existe pas dans les puissances individuelles qui en dépendent. Par conséquent, puisque l'intellect ne peut être acte du corps, on conclut que l'âme intellective ne peut non plus s'unir au corps comme forme. Ainsi, l'intellect, étant une forme non individualisée, ne peut avoir une relation d'union avec le corps semblable à celle qui existe entre une forme et sa matière. Cet argument renforce l'idée que l'intellect a une nature essentiellement séparée et distincte du corps, soulignant son indépendance et son fonctionnement hors de la corporéité.

5- Il est avancé que toute forme unie à la matière est individualisée par celle-ci. Si l'âme intellectuelle s'unit au corps comme forme, elle devrait être individuelle. Cela impliquerait que les formes reçues par l'âme seraient des formes individualisées, ce qui est problématique, car cela nierait la capacité de l'âme à connaître l'universel.

6- Ici, il est avancé que la forme universelle ne peut être intellective à partir de quelque chose qui est en dehors de l'âme, car toutes les formes qui existent dans les objets externes sont individualisées. Si les formes de l'intellect sont universelles, elles devraient provenir de l'âme intellectuelle, ce qui impliquerait que l'âme n'est pas une forme individualisée et, par conséquent, ne s'unit pas au corps en ce qui concerne son acte d'exister.

7- Il est argumenté que les formes intelligibles, en ce qui concerne leur relation avec l'âme, sont individualisées, mais en ce qui concerne leur similitude avec les choses, elles sont universelles. Cependant, puisque la forme est le principe de l'opération, l'opération qui en découle ne serait qu'individuelle et non universelle, ce qui est contradictoire.

8- On se réfère à une affirmation d'Aristote sur les hiérarchies entre les différentes fonctions de l'âme. Tout comme un triangle est dans un carré seulement potentiellement, le nutritif et le sensitif sont dans l'intellectif seulement potentiellement. Ainsi, puisque les parties nutritive ct sensitive ne sont pas en acte dans la partie intellective, il est conclu que la partie intellective n'est pas unie au corps.

9- Il est mentionné qu'on ne peut considérer simultanément un animal et un homme ; on est d'abord animal, puis on devient homme. Cela implique que ce qui constitue l'animal (le sensitif) et ce qui constitue l'homme (l'intellectif) ne sont pas les mêmes, ce qui renforce l'idée que les parties sensitives et intellectives ne s'unissent pas en une seule substance.

10- Il est établi que la forme doit appartenir au même genre que la matière à laquelle elle s'unit. Comme l'intellect ne relève pas du genre des corps, il est conclu que l'intellect ne peut être une forme unie au corps de la même manière que l'est la matière.

11- Il est argumenté que de deux substances qui existent en acte, on ne peut former qu'une seule. Le corps et l'intellect étant des substances qui existent en acte, l'intellect ne peut s'unir au corps pour en faire une seule chose.

12- Ici, il est avancé que toute forme unie à la matière se réalise par le mouvement et la mutation de la matière. Cependant, l'âme intellective ne se réalise pas à partir de la puissance de la matière, mais provient d'une source externe, comme l'indique Aristote dans *De Anima* XVI. Cela implique que l'âme intellective n'est pas une forme unie à la matière.

13- Cet argument établit que chaque entité agit conformément à ce qu'elle est. L'âme intellective peut agir indépendamment du corps, notamment en comprenant. Par conséquent, elle n'est pas unie au corps en ce qui concerne son acte d'être ou d'exister.

14- Il est affirmé que ce qui est minimalement inconcevable est impossible pour Dieu. On considère qu'il est inconcevable pour une âme innocente d'être enfermée dans un corps, semblable à une prison. Par conséquent, il serait impossible pour Dieu d'unir l'âme intellective au corps.

15- Ici, il est mentionné qu'aucun artiste sage ne gêne son propre ouvrage. Cependant, le corps est le plus grand obstacle à la perception de la vérité par l'âme intellective, en laquelle réside sa perfection. Cela se rapporte à l'idée que le corps, qui se corrompt, pèse sur l'âme. Par conséquent, Dieu n'a pas uni l'âme intellective au corps.

16- Il est avancé que les choses unies entre elles ont une affinité mutuelle. Cependant, l'âme intellective et le corps sont opposés, car la chair désire le contraire de l'esprit et vice versa. Par conséquent, l'âme intellective n'est pas unie au corps.

17- Cet argument soutient que l'intellect est en puissance par rapport à toutes les formes intelligibles, sans en avoir aucune en acte ; de manière similaire à la matière première, qui est en puissance à toutes les formes sensibles. Cela implique que, tout comme il existe une matière première unique pour toutes les choses, l'intellect est aussi un, et donc il n'est pas uni au corps, qui le particularise.

18- Il fait référence à l'affirmation d'Aristote dans *De Anima* III, où il soutient que si l'intellect possible avait un organe corporel, il aurait une nature déterminée des natures sensibles et, par conséquent, ne pourrait pas recevoir et connaître toutes les formes sensibles. Si l'intellect était uni au corps comme forme, il devrait avoir une nature sensible déterminée et, par conséquent, ne pourrait pas être réceptif et cognitif de toutes les formes sensibles, ce qui est impossible.

19- Cet argument établit que toute forme unie à la matière est présente dans la matière reçue. Ce qui est reçu de quelque chose est en lui selon le mode du récepteur. Par conséquent, toute forme unie à la matière est en elle selon le mode de la matière. Cependant, le mode de la matière sensible et corporelle ne permet pas de recevoir quelque chose de manière intelligible. Étant donné que l'intellect a un être intelligible, il n'est pas une forme unie à la matière corporelle.

20- Il est soutenu que si l'âme est unie à la matière corporelle, elle doit être reçue en elle. Tout ce qui est reçu par quelque chose est reçu dans sa matière. Par conséquent, si l'âme est unie à la matière, tout ce qui est reçu dans l'âme est reçu dans la matière. Mais les formes de l'intellect ne peuvent pas être reçues par la matière première ; elles deviennent intelligibles par l'abstraction de la matière. Par conséquent, l'âme unie à la matière corporelle ne sera pas réceptive des formes intelligibles, ce qui implique que l'intellect, qui est réceptif de ces formes, ne sera pas uni à la matière corporelle.

> Ensuite, Saint Thomas expose deux arguments d'autorité selon lesquels l'âme humaine n'est pas séparée du corps selon l'être (ou exister, ou acte d'être, ou acte d'exister, ou *actus essendi*)

Le premier argument fait référence à une affirmation d'Aristote dans son ouvrage *De anima*, où il soutient qu'il ne faut pas remettre en question si l'âme et le corps sont une seule entité, tout comme il ne faut pas remettre en question la relation entre la cire et sa forme. Tout comme la forme ne peut exister séparément de la cire qui la façonne, on conclut que l'âme ne peut être séparée du corps en termes de son exister. Étant donné que l'intellect est considéré comme une partie de l'âme, selon Aristote, on déduit que l'intellect ne peut pas non plus exister séparément du corps.

Le deuxième argument renforce cette idée en affirmant qu'aucune forme ne peut exister séparée de sa matière en termes de son acte d'être ou d'exister. Il est établi que l'âme intellective est la forme du corps, ce qui implique que son existence est intrinsèquement liée à la matière du corps. Par conséquent, étant donné que l'âme intellective ne peut exister sans la matière qu'elle configure, on en conclut qu'elle ne peut être considérée comme séparée du corps dans son être.

> Ensuite, Saint Thomas offre sa propre réponse à la Question posée

1- Considération du principe en puissance et en acte. Saint Thomas commence par affirmer que, là où il y a quelque chose qui peut être en puissance et en acte (c'est-à-dire qui peut être ou ne pas être à un moment donné), il doit y avoir un principe qui permette que cette chose soit en puissance. Il utilise l'exemple de l'être humain, qui peut être en acte ou en puissance pour sentir. Pour que l'être humain sente, il doit exister un principe sensible en lui qui lui permette d'être en puissance par rapport aux sensibles. S'il ressentait toujours en acte, une forme sensible devrait toujours être présente.

2- Relation de l'intellect avec la puissance. De même, l'être humain peut comprendre en acte ou être en puissance pour comprendre. Par conséquent, il est nécessaire de considérer un principe intellectuel en l'être humain qui soit en puissance par rapport aux choses qu'il peut comprendre. Ce principe est ce qu'Aristote appelle "l'intellect possible". Cet intellect doit être en puissance pour recevoir les formes intelligibles, tout comme l'œil est en puissance pour recevoir toutes les couleurs.

3- Nature de l'intellect possible. Saint Thomas conclut que l'intellect possible doit être "dépossédé" (dépouillé) de toutes les formes sensibles, ce qui implique qu'il n'a pas d'organe corporel spécifique. S'il avait un organe, il serait déterminé à une nature sensible, comme la vision l'est par l'œil. Par conséquent, l'intellect possible ne peut pas être semblable aux puissances sensitives et ne doit pas être confondu avec elles.

4- Refutation d'autres positions. Certains philosophes anciens affirmaient que l'intellect ne se différenciait pas des puissances sensitives, et d'autres pensaient que l'intellect était une forme ou une vertu qui se mélangeait au corps. Cependant, ces positions sont réfutées, car si l'intellect possible était une substance séparée du corps, il serait impossible que la personne puisse comprendre par lui. **L'action de l'intellect est complètement différente de l'action d'un principe extérieur**. Par conséquent, si l'intellect était séparé, il ne pourrait pas agir dans l'être humain.

5- Précision de la relation entre l'intellect et les images. Saint Thomas mentionne l'idée que, bien qu'Averroès affirmait que l'intellect possible était une substance séparée, il cherchait à connecter l'intellect possible avec les images (*phantasmata*) que l'être humain génère à partir de ses expériences sensorielles. Cependant, bien que cette relation suggère une connexion, elle ne suffit pas à établir que l'intellect soit capable de comprendre de manière effective.

6- Distinction entre puissance cognitive et espèces. Le fait que les espèces cognoscibles soient présentes ne signifie pas qu'elles puissent être comprises. La compréhension dépend de l'existence d'une puissance cognitive, qui, dans ce cas, est l'intellect possible, qui n'est pas mêlé au corps. Par conséquent, bien que les images (*phantasmata*) soient accessibles, elles ne signifient pas que l'intellect comprenne.

7- Nature de la substance séparée. Enfin, Saint Thomas soutient que les substances séparées, étant parfaites, ne nécessitent pas d'actions matérielles. L'intellect possible, qui est en puissance par rapport aux espèces des choses sensibles et dépend de l'activité humaine, ne peut être une de ces substances séparées.

En conclusion, Saint Thomas établit que l'âme humaine est une forme unie au corps, mais non totalement absorbée par lui. L'humanité a une capacité à comprendre (puissance) qui est liée à l'intellect possible. Cela signifie que l'intellect, bien qu'il ne dépende pas d'un organe physique, se manifeste à travers l'essence de l'âme humaine, qui est la forme de l'être humain.

L'âme n'est pas séparée du corps en ce qui concerne son essence. En définissant la nature de l'intellect possible et sa relation avec le corps, il réfute l'idée que l'intellect puisse exister comme une entité séparée et affirme qu'en effet, l'intellect humain dépend du corps et des expériences sensorielles pour sa compréhension. De cette manière, il défend l'unité de l'âme et du corps chez l'être humain, contredisant les visions qui considèrent que l'intellect est une substance indépendante.

L'AME HUMAINE

> Ensuite, Saint Thomas répond à chacun des vingt arguments exposés initialement selon lesquels l'âme humaine est séparée du corps selon l'être ou exister

1- Saint Thomas explique que l'intellect se dit séparé parce qu'il persiste même lorsque le corps est corrompu ; c'est-à-dire que l'intellect peut exister sans le corps, contrairement aux puissances sensitives qui dépendent du corps pour fonctionner. L'intellect ne nécessite pas un organe corporel pour ses fonctions, ce qui le distingue des sens.

2- L'âme humaine est considérée comme l'acte du corps organique, car le corps est son organe. Cependant, l'âme n'a pas besoin que le corps soit son organe pour l'exercice de toutes ses facultés, car l'âme elle-même dépasse la proportion du corps. Cela signifie que, bien que l'âme agisse dans le corps, sa nature est plus élevée.

3- Un organe est le principe de l'opération d'une puissance. Si l'intellect était uni à un organe, son opération dépendrait de cet organe. Mais étant donné que l'intellect humain est une vertu de l'âme, il n'est pas limité à une nature sensible, et par conséquent, il peut fonctionner sans dépendre d'un organe matériel.

4- L'intellect est lié à l'âme dans sa capacité à s'élever au-dessus de la matière corporelle. Il n'est pas l'acte d'un organe spécifique, mais il est une partie essentielle de l'âme. Ainsi, bien que l'intellect ne dépende pas totalement du corps, il est en harmonie avec l'essence de l'âme.

5- Bien que l'âme humaine soit une forme individualisée et possède des puissances comme l'intellect, cela n'empêche pas ces puissances d'agir de manière immatérielle. Les formes séparées peuvent être individuelles, et l'intellect peut comprendre ce qui est immatériel et universel, malgré son individualisation.

6- L'intellect donne aux formes comprises la capacité d'être universelles en les abstraisant des principes matériels qui les individualisent. Par conséquent, l'intellect n'a pas besoin d'être universel en lui-même, mais plutôt immatériel.

7- L'espèce d'une opération dérive de la forme qui en est le principe. L'efficacité de l'opération dépend de la façon dont le sujet est perfectionné. Ainsi, comprendre l'universel fait partie de l'opération intellectuelle, et la manière dont elle est réalisée détermine sa perfection.

8- L'analogie entre les parties de l'âme et les figures montre que, tout comme une figure plus complexe inclut ce qu'a une figure plus simple, l'âme sensitive contient ce que possède l'âme nutritive. Cela ne signifie pas qu'elles soient différentes en essence, mais qu'il existe une inclusion hiérarchique.

9- La distinction entre le concept d'animal et celui d'homme n'implique pas qu'il y ait des principes différents dans chaque être. Chez les animaux, les opérations imparfaites sont évidentes avant celles plus parfaites, de manière similaire à la manière dont les formes se génèrent.

10- La forme ne relève pas d'un genre spécifique ; l'âme intellective est la forme de l'homme et, bien qu'unie au corps, les deux sont considérés comme faisant partie du genre animal et de l'espèce humaine.

11- De deux substances complètes et parfaites, il ne peut pas en résulter une seule. Cependant, l'âme et le corps sont des parties de la nature humaine, ce qui permet qu'une unité en soit formée.

12- Bien que l'âme soit une forme unie au corps, elle dépasse la proportion de toute la matière corporelle. Par conséquent, elle ne peut pas être entièrement actualisée par des mouvements ou des changements matériels comme d'autres formes.

13- L'âme possède une opération qu'elle ne partage pas avec le corps en raison de sa nature supérieure. Cependant, cela ne signifie pas qu'elle soit complètement séparée du corps.

14- Cette objection provient de la position d'Origène, qui affirmait que les âmes ont été créées sans corps et ensuite unies à eux. Cela est incorrect, car l'union au corps ne nuit pas à l'âme, mais la perfectionne.

15- Le mode naturel de connaissance de l'âme implique la perception des vérités intelligibles à travers les sens. Cependant, la corruption du corps affecte cette capacité à cause du péché originel.

16- La lutte entre le charnel et le spirituel indique la connexion de l'âme avec le corps. Les parties de l'âme qui sont unies au corps tendent vers ce qui est agréable à la chair, ce qui peut entrer en conflit avec les désirs de l'esprit.

17- L'intellect possible n'a pas de formes intelligibles en acte, mais en puissance. Par conséquent, il n'est pas correct d'affirmer qu'il est un dans tous, mais qu'il est un en relation avec toutes les formes intelligibles.

18- Si l'intellect possible avait un organe corporel, cet organe serait le principe de la compréhension, mais cela est faux, car l'intellect n'est pas déterminé à une nature sensible spécifique.

19- Bien que l'âme soit unie au corps de manière corporelle, sa partie qui dépasse la capacité du corps possède une nature intellectuelle. Par conséquent, les formes qui sont reçues en elle sont intelligibles et non matérielles.

20- La réponse à cet argument réaffirme que l'âme, bien qu'unie au corps, possède une nature intellectuelle qui la distingue et lui permet de comprendre la réalité immatérielle.

À travers ces réponses, saint Thomas défend la nature de l'être humain, où l'âme et le corps interagissent et se complètent, mais il souligne également la supériorité et l'indépendance de l'intellect humain dans sa capacité de connaissance et de compréhension.

3. QUESTION 3 : S'il existe un intellect possible, ou une âme intellective, pour tous les hommes

> Saint Thomas présente les arguments de divers auteurs, selon lesquels il semble que l'entendement (intellect) possible ou l'âme intellective humaine est une et identique pour tous les êtres humains

1- La perfection doit être proportionnelle à l'objet qu'elle perfectionne. La vérité est la perfection de l'intellect, et cette vérité étant unique et partagée par tous, certains suggèrent que l'intellect possible devrait être un en tous les êtres humains.

2- Saint Thomas cite saint Augustin, qui émet des doutes sur l'existence d'une âme unique pour tous ou de plusieurs âmes pour beaucoup. Il observe la difficulté qu'il y aurait à ce qu'une même âme soit simultanément dans un état de félicité et de souffrance dans différents individus. Il lui semble également absurde de soutenir qu'il existe plusieurs âmes dans plusieurs personnes. *Augustin dit dans son livre De quantitate animae : "Concernant le nombre des âmes, je ne sais quoi te répondre."*

3- Toute distinction entre deux choses dépend de la possession d'une nature déterminée. L'intellect possible étant potentiel par rapport à toutes les formes et dépourvu de forme actuelle, il ne devrait pas être limité ni distinct, et par conséquent, ne pourrait pas se multiplier en plusieurs individus.

4- Il est ici établi que l'intellect possible est complètement séparé de ce qu'il comprend, même de lui-même, et qu'il n'a donc aucune base pour être multiple dans différentes personnes.

5- Tout ce qui est distingué et multiplié doit partager quelque chose de commun, comme le genre. Cependant, l'intellect possible ne partage rien de commun avec aucune autre chose, ce qui implique qu'il ne peut pas se distinguer ni se multiplier en individus distincts.

6- Maïmonide soutient que les êtres séparés de la matière ne se multiplient que par cause et effet. Puisque l'intellect d'une personne n'est pas la cause de l'intellect d'une autre, et que l'intellect possible est une réalité séparée, il ne devrait pas être multiple.

7- Aristote enseigne que l'intellect est identique à ce qu'il comprend. Étant donné que l'objet de l'entendement est le même pour tous, il semble que l'intellect possible soit un et le même pour tous les êtres humains.

8- L'objet de l'intellection est l'universel, qui est un en plusieurs. Comme cette unité ne provient pas de la réalité des individus, mais de l'activité intellectuelle, on déduit que l'intellect doit être un pour tous.

9- Argument du lieu commun de l'âme. Le texte commence par une citation d'Aristote dans son ouvrage *De Anima*, où il affirme que l'âme est le "lieu des espèces" (entendant par "espèces" des formes ou concepts universels). La notion de "lieu" suggère quelque chose qui peut contenir plusieurs choses, de sorte que si l'âme est le lieu des espèces, elle devrait être unique et commune à tous les êtres humains. Cela soulève une objection à l'idée que chaque personne possède une âme individuelle, car le concept de "lieu" s'applique à quelque chose qui peut abriter plusieurs entités sans être multiplié pour chacune d'elles.

10- Certains objectent que l'intellect est "lieu des espèces". Ce terme signifie que l'intellect a la capacité de contenir les formes ou concepts universels des choses que nous percevons et imaginons. L'objection avance que si l'intellect est considéré comme "lieu des espèces" simplement qu'il "contient" ces formes, le même terme devrait s'appliquer également aux sens. En effet, les sens aussi "contiennent" ou captent les formes des objets sensibles, comme les couleurs, les sons, etc., lorsque nous interagissons avec eux. Une réponse à cette objection note qu'Aristote réserve cette capacité de contenance exclusivement à l'intellect et non aux sens. Selon Aristote, l'intellect peut contenir les concepts universels des choses, tandis que les sens ne perçoivent que ce qui est particulier et concret. Ainsi, l'intellect est le "lieu des formes" parce qu'il a la capacité d'abstraire et de comprendre les universaux, ce que les sens, limités à capter l'individuel et le particulier, ne peuvent pas faire.

11- Puisque l'intellect agit partout, en connaissant des réalités qui existent en tout lieu, il semble être présent partout et, par conséquent, être unique en tous.

12- Tout ce qui est particulier nécessite une matière spécifique pour être individualisé. Comme l'intellect possible n'est lié à aucune matière, il n'est donc pas défini comme particulier, ce qui suggère qu'il est un en tous.

13- En réponse à cela, on propose que l'intellect soit limité par le corps humain dans lequel il réside. Une telle affirmation est réfutée, en affirmant que, puisque le corps est étranger à l'essence de l'intellect possible, il ne peut être le principe d'individuation ni de multiplication de celui-ci.

14- Selon Aristote, si plusieurs mondes existaient, il y aurait plusieurs premiers moteurs, qui seraient matériels, ce qui est impossible. Par analogie, s'il y avait plusieurs intellects possibles, l'intellect serait matériel, ce qui est inadmissible.

15- Si les intellects étaient multiples, ils se conserveraient après la mort et alors différeraient d'espèce. Cela impliquerait que les humains auraient des espèces différentes, ce qui est clairement faux, concluant que l'intellect ne peut être multiple.

16- Ce qui est séparé de la matière ne peut se multiplier en fonction des corps. Puisque l'intellect est une réalité séparée du corps, il ne peut se multiplier ni se distinguer entre les individus.

17- Si l'intellect possible se multipliait, les formes intelligibles se multiplieraient également et deviendraient individuelles, étant alors intelligibles seulement en puissance et non en acte, ce qui est inadmissible.

18- On soutient que ce qui est commun entre l'agent et le patient est essentiel. Cependant, comme l'intellect possible ne partage rien de commun avec les fantômes (images sensibles), il ne peut être le même intellect que celui que nous possédons intérieurement et, par conséquent, ne se multiplierait pas entre les personnes.

19- Tout ce qui existe comme un, ne dépend pas d'un autre pour être ainsi. Comme l'intellect possible ne dépend pas du corps pour exister, son unité ne dépend pas du corps et, par conséquent, il ne peut se multiplier avec les corps.

20- Aristote enseigne que dans les formes pures, l'essence est identique à l'espèce. Comme l'intellect possible est une forme pure, si la nature de l'espèce est une, l'intellect l'est également en tous les animaux intellectuels.

21- La multiplication des âmes selon les corps n'a lieu que par l'union avec ces derniers. Comme l'intellect possible est ce qui transcende l'union avec le corps, il ne se multiplie pas entre les humains.

22- Si l'intellect dépendait de la multiplication du corps, les espèces intelligibles se multiplieraient, ce qui contredirait leur nature en tant que formes intelligibles en acte. Par conséquent, ni l'âme ni l'intellect possible ne peuvent se multiplier.

Cette série d'arguments constitue une défense de l'idée que l'intellect possible est unique pour tous les êtres humains, car sa nature séparée et universelle empêche qu'il se multiplie ou se distingue entre individus.

Ensuite, Saint Thomas présente deux arguments d'autorité selon lesquels l'intellect possible n'est pas un et le même pour tous les êtres humains

1- Premier argument contre l'unicité de l'intellect possible. Si l'intellect possible était unique et commun à tous les êtres humains, alors ce qu'une personne comprend ou connaît, une autre personne le comprendrait ou le connaîtrait aussi. Cela est évidemment faux, car chaque personne a des connaissances et des expériences intellectuelles différentes. Par conséquent, cet argument suggère qu'il doit y avoir une distinction dans l'intellect possible pour chaque individu, permettant à chaque personne d'avoir sa propre connaissance.

2- Deuxième argument basé sur la relation entre l'âme intellective et le corps. L'âme intellective (ou intellect possible) se rapporte au corps de deux manières : comme forme, qui donne existence et organisation au corps, et comme moteur, qui guide et déplace le corps comme son instrument. Suivant cette logique, chaque forme nécessite une matière spécifique et chaque moteur un instrument déterminé. Ainsi, il serait impossible qu'une seule âme intellective fonctionne dans plusieurs corps, car chaque corps aurait besoin de sa propre forme ou âme adaptée à ses caractéristiques individuelles.

Ces arguments soutiennent l'idée que chaque être humain possède un intellect possible propre et distinct des autres, car partager un unique intellect entre tous les individus ne serait pas cohérent avec l'individualité de l'expérience intellectuelle et la relation spécifique que l'âme entretient avec le corps.

> Ensuite, Saint Thomas donne sa propre réponse à la Question posée

Le Docteur Angélique explore la question de savoir si l'intellect possible, cette faculté qui permet la capacité de connaître chez les êtres humains, est une entité unique et commune à tous, ou s'il se multiplie en chaque individu. L'analyse se concentre sur des arguments ontologiques et épistémologiques concernant la nature de cet intellect. Voici les points principaux de son argumentation :

1- Dépendance de l'intellect par rapport au corps. Saint Thomas affirme que, si l'intellect possible existe comme une substance séparée du corps, alors il devrait être un seul pour tous, car les substances séparées ne se multiplient pas selon la variété des corps. Cependant, cette conclusion soulève d'importants problèmes, notamment en ce qui concerne la manière dont chaque individu peut avoir des connaissances différentes si tous partageaient le même intellect.

2- Difficulté particulière dans l'unité de l'intellect. Saint Thomas note qu'il semble absurde que tous partagent un même intellect, car la connaissance varie d'une personne à l'autre. Cela serait impossible si l'intellect était un et le même en tous, car une perfection commune ne peut être la base d'une diversité de connaissances en chaque individu.

3- Argument des *phantasmata*. Certains philosophes tentent de résoudre ce problème en affirmant que les "espèces intelligibles" se trouvent dans les fantômes particuliers de chaque personne, et non dans l'intellect commun. Ainsi, bien que l'intellect soit un, les connaissances sont différentes en raison de la diversité des fantômes. Saint Thomas rejette cette idée car il considère que les espèces ne sont intelligibles en acte que lorsque l'intellect les abstrait des fantômes, de sorte qu'il ne peut y avoir de diversité dans la connaissance simplement en ayant des fantômes différents.

4- Opération de l'intellect chez les individus différents. Saint Thomas soutient que si l'intellect était unique, l'opération de "l'intelligence" serait également unique et, par conséquent, ne pourrait pas être attribuée à des individus particuliers. De plus, il serait impossible que deux personnes comprennent simultanément le même concept au même moment. Cela révèle une contradiction dans l'idée d'un intellect commun, car l'intelligence est une opération particulière en chaque personne.

5- Impossibilité d'un intellect unique. Il conclut que l'intellect ne peut être unique en tous, car cela serait contradictoire avec la multiplicité des expériences et des connaissances. Saint Thomas affirme que l'intellect doit se multiplier avec chaque âme humaine et qu'étant une partie de la nature humaine, il est nécessairement lié à chaque individu en particulier.

6- Nature de l'âme et multiplicité. Saint Thomas explique que l'intellect humain se personnalise dans chaque personne comme une propriété de l'âme, qui se multiplie avec chaque corps humain, de manière similaire à la façon dont certaines qualités physiques peuvent être les mêmes en essence, mais différentes en chaque individu.

En résumé, Saint Thomas soutient que l'intellect possible n'est pas une entité unique partagée par tous les humains, mais qu'il se personnalise en chaque personne. Cette individualisation permet à chaque être humain d'avoir ses propres connaissances et expériences particulières, en accord avec l'idée que chaque âme humaine est unique et possède son propre intellect.

> Ensuite, Saint Thomas répond à chacun des vingt-deux arguments exposés initialement, selon lesquels il existerait une unité entre l'intellect possible et l'âme intellective chez tous les hommes

1- Réponse au premier argument. Saint Thomas répond que la vérité est l'adéquation de l'intellect à la chose (la réalité). Ainsi, lorsque différentes personnes connaissent la même vérité, cela est dû au fait que leurs conceptions coïncident avec la même réalité.

2- Réponse au deuxième argument. Ici, il est précisé que Saint Augustin se déclarerait ridicule non pas pour affirmer qu'il existe plusieurs âmes, mais s'il disait qu'elles sont nombreuses à la fois en nombre et en espèce, ce qui impliquerait une duplicité non justifiée.

3- Réponse au troisième argument. Saint Thomas explique que l'intellect possible ne se multiplie pas par une différence de forme, mais par la multiplication de la substance de l'âme elle-même, dont il est la puissance.

4- Réponse au quatrième argument. Il n'est pas nécessaire que l'intellect commun se sépare de ce qu'il connaît, seul l'intellect en puissance doit être libre de la nature de ce qu'il reçoit. Par conséquent, un intellect qui est déjà acte (comme l'intellect divin) se connaît lui-même de manière inhérente, tandis que l'intellect possible se connaît lui-même à travers l'espèce intelligible d'autres objets.

5- Réponse au cinquième argument. Il est précisé que l'intellect possible n'a rien en commun avec les natures sensibles, dont il reçoit ses intelligibles, bien qu'un intellect possible soit spécifiquement le même que l'autre.

6- Réponse au sixième argument. Saint Thomas affirme que dans les êtres séparés de la matière, la distinction ne peut être que selon l'espèce et que les différentes espèces se configurent en degrés, tout comme les nombres se diversifient par addition ou soustraction. Cependant, la multiplication chez les êtres séparés n'est pas acceptable dans la foi chrétienne.

7- Réponse au septième argument. Même si plusieurs individus possèdent la même espèce intelligible dans leurs intellects respectifs, ce qui est compris par ces espèces est un seul et même, car l'objet de connaissance universelle est identique dans tous les cas. Cette unité est due à l'immatérialité des espèces intelligibles.

8- Réponse au huitième argument. Les platoniciens soutiennent que le fait que quelque chose soit un en plusieurs provient de la chose elle-même. Ainsi, ils argumentent la nécessité des idées comme participation des choses naturelles et des intelligences universelles. Pour Aristote, au contraire, la compréhension de l'un en plusieurs provient de l'abstraction de l'intellect, qui abstrait des principes individuants.

9- Réponse au neuvième argument. Il est expliqué ici que l'intellect est un "lieu" des espèces parce qu'il les contient, mais cela n'implique pas que l'intellect possible soit un pour tous les hommes, mais qu'il est commun à toutes les espèces.

10- Réponse au dixième argument. Contrairement à l'intellect, le sens ne peut être considéré comme un lieu des espèces car il nécessite un organe pour les recevoir.

11- Réponse au onzième argument. Saint Thomas clarifie que l'intellect possible "opère partout" non pas parce que son opération est partout, mais parce qu'il se rapporte à des choses qui sont partout.

12- Réponse au douzième argument. Bien que l'intellect possible n'ait pas une matière déterminée, la substance de l'âme, dont il est la puissance, en possède une, non pas au sens d'en être issu, mais au sens d'y être présent.

13- Réponse au treizième argument. Les principes d'individuation n'appartiennent pas à l'essence des formes, mais cela ne s'applique que dans le cas de substances composées de matière et de forme.

14- Réponse au quatorzième argument. On distingue le premier moteur du ciel, absolument séparé de la matière, de l'âme humaine, qui n'est pas semblable dans sa relation avec la matière.

15- Réponse au quinzième argument. Les âmes séparées ne diffèrent pas en espèce mais en nombre, car elles peuvent s'unir à des corps spécifiques.

16- Réponse au seizième argument. Bien que l'intellect possible soit séparé du corps en ce qui concerne son opération, il est une puissance de l'âme, qui est l'acte du corps.

17- Réponse au dix-septième argument. Quelque chose est compris en puissance non parce qu'il est individuel, mais parce qu'il est matériel. Ainsi, les espèces intelligibles, bien qu'individualisées, sont comprises en acte par l'intellect.

18- Réponse au dix-huitième argument. Le fantôme déplace l'intellect en devenant intelligible en acte, par l'action de l'intellect agent, auquel se rapporte l'intellect possible comme puissance par rapport à un agent.

19- Réponse au dix-neuvième argument. Bien que l'être de l'âme intellective ne dépende pas du corps, il a une inclination naturelle vers lui pour la perfection de son espèce.

20- Réponse au vingtième argument. Bien que l'âme humaine ne comprenne pas la matière comme faisant partie d'elle-même, elle est la forme du corps, et son essence inclut la relation avec le corps.

21- Réponse au vingt et unième argument. Bien que l'intellect possible s'élève au-dessus du corps, il ne s'élève pas au-dessus de toute la substance de l'âme, qui se multiplie en relation avec différents corps.

22- La réponse au vingt-deuxième argument. Saint Thomas cherche à clarifier que la relation de l'âme avec le corps ne signifie pas que tout dans l'essence de l'âme soit soumis à la matérialité. **Saint Thomas soutient que, bien que l'âme soit unie au corps comme sa forme, toutes ses opérations ne dépendent pas de la matière**. En ce sens, il réaffirme qu'il existe des aspects dans la nature de l'âme (notamment, l'intellection des essences) qui transcendent le matériel, étant donné que l'acte de l'intellection ne fonctionne pas de manière organique et ne dépend pas d'un organe physique.

4. QUESTION 4 : S'il est nécessaire d'admettre l'existence d'un intellect agent

> Saint Thomas expose neuf arguments dans lesquels divers auteurs soutiennent qu'il ne semble pas nécessaire d'affirmer l'existence d'un entendement ou intellect agent

1- Ce qui peut être fait par un seul moyen dans la nature ne doit pas être fait par plusieurs. L'être humain peut comprendre adéquatement par un seul intellect, qui est l'intellect possible. Par conséquent, il n'est pas nécessaire de postuler un intellect agent.

Si l'intellect possible suffit à la compréhension humaine, il n'est donc pas nécessaire de supposer un intellect agent. Cela implique que chaque puissance de l'âme peut opérer de manière autonome sans avoir besoin d'un autre agent externe pour accomplir sa fonction.

2- Le sens du toucher et de la vue sont des puissances différentes, mais peuvent s'influencer mutuellement. Par exemple, une personne aveugle peut imaginer quelque chose qu'elle n'a pas vu, en se basant sur son sens du toucher. Cela montre que ces deux puissances sont reliées à la même essence de l'âme. Par conséquent, si l'intellect possible est une puissance de l'âme, l'imagination peut également influencer l'intellect. Ainsi, il n'est pas nécessaire d'avoir un intellect agent.

Cet argument souligne l'interconnexion des puissances de l'âme, suggérant que l'intellect possible peut recevoir des influences de l'imagination sans nécessiter un intellect agent pour intervenir.

3- L'intellect agent est postulé pour rendre intelligibles en puissance ce qui est intelligible en acte. Cependant, l'intellect possible peut recevoir des idées sans avoir besoin d'un intellect agent, car il a la capacité de recevoir en fonction de sa nature immatérielle. Par conséquent, il n'est pas nécessaire d'avoir un intellect agent.

L'intellect possible, étant immatériel, peut recevoir la connaissance sans nécessiter l'intervention d'un intellect agent, ce qui renforce l'idée qu'il n'est pas nécessaire de le postuler.

4- Aristote compare l'intellect agent à la lumière. La lumière n'est pas essentielle pour voir, sauf si elle rend le médium (comme l'air) visible. De la même manière, l'intellect agent n'est pas nécessaire pour que l'intellect possible soit prêt à recevoir la connaissance, car ce dernier possède déjà cette capacité.

Ici, il est soutenu que l'intellect possible possède en lui-même la capacité de comprendre, tout comme les couleurs sont visibles sans qu'un agent lumineux ne soit nécessaire.

5- Tout comme l'intellect se rapporte aux choses intelligibles, les sens se rapportent aux choses sensibles. Les objets sensibles peuvent mouvoir les sens sans nécessiter un agent externe. Par conséquent, les intelligibles n'ont pas besoin de l'intervention d'un intellect agent.

Un parallèle est établi entre les puissances sensitives et intellectuelles, indiquant que les deux fonctionnent de manière autonome et n'ont pas besoin d'un agent externe pour opérer.

6- Pour qu'une chose en puissance devienne en acte, il suffit qu'il y ait quelque chose en acte de la même nature. Pour que l'intellect en puissance devienne en acte, il suffit qu'il y ait un intellect en acte, qui peut être celui qui comprend.

Cet argument souligne que le processus d'acquisition de la connaissance peut être réalisé par des expériences directes ou par l'enseignement, éliminant ainsi la nécessité d'un intellect agent pour le faciliter.

7- L'intellect agent est proposé pour éclairer nos images mentales, tout comme la lumière solaire éclaire les couleurs. Cependant, la lumière divine est suffisante pour éclairer notre compréhension, de sorte qu'il n'est pas nécessaire de postuler un intellect agent.

Ici, il est mis en avant que la connaissance et la compréhension peuvent provenir d'une source supérieure (la lumière divine) et ne nécessitent pas d'un intellect agent pour être éclairées.

8- Si deux types d'intellect existent, l'agent et le possible, cela impliquerait qu'une même personne ait deux façons de comprendre, ce qui semble inconvénient.

Avoir deux intellects qui fonctionnent de manière séparée au sein d'une même personne compliquerait la compréhension et serait peu pratique.

9- L'espèce intelligible est considérée comme une perfection de l'intellect. Si un intellect agent et un intellect possible existent, il y aurait une duplicité dans la perfection de la compréhension, ce qui serait jugé inutile.

Il est suggéré que l'existence de deux intellects entraînerait un excès de perfection, ce qui ne serait ni nécessaire ni utile pour la compréhension humaine.

À travers ces arguments, l'idée que l'intellect possible est suffisant pour accomplir le processus de compréhension ou d'entendement, sans la nécessité d'un intellect agent, est défendue. Il est affirmé que les puissances de l'âme peuvent interagir efficacement sans l'intervention d'un agent externe.

> Ensuite, Saint Thomas présente un argument d'autorité selon lequel il est nécessaire d'affirmer la nécessité d'un intellect ou d'un entendement agent

Une objection ("sed contra") est présentée à la position selon laquelle il n'est pas nécessaire de postuler l'existence d'un intellect agent. La référence à Aristote dans son ouvrage *De Anima* est utilisée pour étayer cette objection.

L'explication du texte peut être décomposée comme suit :

1- Principe de l'action dans la nature. Aristote soutient qu'il existe deux aspects fondamentaux dans toute nature : celui qui agit (agent) et celui qui peut être agi (potentiel). Autrement dit, dans tout processus de changement ou dans tout être, il y a toujours quelque chose qui provoque le changement et quelque chose qui reçoit ce changement.

2- Application à la nature de l'âme. En appliquant ce principe à la discussion sur l'âme, il est suggéré que, tout comme dans la nature en général, ces deux aspects doivent également exister dans l'âme humaine. Cela implique qu'il doit y avoir une distinction entre l'intellect qui agit *(intellectus agens)* et l'intellect qui reçoit *(intellectus possibilis)*.

3- Fonction de l'intellect agent. L'intellect agent est celui qui permet d'abstraire les espèces intelligibles des choses sensibles. L'intellect possible est celui qui reçoit ces espèces et forme le concept universel. Sans l'existence de ces deux intellects, il serait difficile d'expliquer comment le processus de compréhension et de connaissance se déroule chez l'être humain.

En résumé, cet argument soutient que, suivant la logique aristotélicienne, il est essentiel de reconnaître l'existence d'un intellect agent dans l'âme, car il est nécessaire au processus de compréhension et de connaissance, où il y a un agent qui agit et un potentiel qui reçoit cette action.

> Ensuite, Saint Thomas offre sa propre réponse à la Question posée

En effet, le Docteur Angélique défend la nécessité de postuler l'existence d'un intellect agent *(intellectus agens)* pour expliquer comment fonctionne le processus de connaissance. Voici les principales idées qu'il développe :

1- Nécessité de l'intellect agent. Thomas affirme qu'il est nécessaire de postuler un intellect agent, car l'intellect possible *(intellectus possibilis)* est en puissance par rapport aux idées ou aux concepts qu'il doit comprendre (les "intelligibles"). Cela signifie que l'intellect possible peut recevoir la connaissance, mais il doit être mû par quelque chose qui soit déjà intelligible.

2- Mouvement de l'intellect possible. Pour que l'intellect possible se mette en mouvement (c'est-à-dire qu'il comprenne quelque chose), il doit y avoir un objet qui le fasse bouger. Cependant, les objets que l'intellect possible comprend n'existent pas dans la nature comme des entités indépendantes, car l'intellect ne comprend pas les choses dans leur individualité, mais les comprend comme universelles (comme une idée commune qui peut être appliquée à plusieurs individus).

3- Abstraction de la matière. Thomas soutient que l'intellect agent accomplit la tâche d'abstraire les idées des conditions matérielles qui les individualisent. Par exemple, la nature d'une espèce n'a pas de raisons intrinsèques pour se multiplier en différents individus, et les principes qui l'individualisent sont externes à sa propre raison. Ainsi, l'intellect peut saisir l'essence des choses (c'est-à-dire ce qui les fait être ce qu'elles sont) sans être limité par les particularités individuelles.

4- Contraste avec les platoniciens. Thomas mentionne que, si les universaux existaient par eux-mêmes dans la réalité, comme les platoniciens le prétendaient (à travers les Idées ou Formes), il n'y aurait pas besoin d'un intellect agent. Dans ce cas, les objets matériels émouvaient directement l'intellect possible, sans l'intermédiaire d'un intellect qui abstrait. Cependant, comme Saint Thomas n'est pas d'accord avec la théorie platonicienne des Idées, il considère qu'il est nécessaire de postuler l'existence de l'intellect agent.

5- Connaissance des substances immatérielles. Bien qu'il existe certains êtres qui sont intelligibles en eux-mêmes (comme les substances immatérielles), l'intellect possible ne peut y accéder directement. En revanche, il parvient à connaître ces réalités par l'abstraction qu'il opère sur les objets matériels et sensibles qui l'entourent.

> Ensuite, Saint Thomas répond à chacun des neuf arguments exposés initialement, selon lesquels il est inutile d'affirmer la nécessité d'un intellect agent

1- Réponse au premier argument. Saint Thomas souligne que l'intellect humain ne peut fonctionner seul avec l'intellect possible. Ce dernier doit être activé par quelque chose qui est déjà intelligible, car il n'existe pas dans la nature des idées en soi. Ainsi, il doit exister un intellect agent qui produise ces intelligibles. Bien qu'il y ait différentes puissances dans l'âme, leur interaction n'est pas suffisante pour comprendre sans l'intervention de l'intellect agent. Cet intellect agit en mouvant l'intellect possible de manière à ce que des idées universelles puissent se former à partir des expériences individuelles.

2- Réponse au deuxième argument. Il est argumenté que l'imagination doit d'abord avoir des formes dans la mémoire pour pouvoir former des concepts liés à la vision. Par exemple, une personne née aveugle ne peut imaginer des couleurs, car elle manque d'expériences sensorielles antérieures qui lui permettraient de former l'idée d'une couleur. Cela montre que l'intellect agent est nécessaire pour traiter et relier ces idées, car l'intellect possible ne peut pas agir sans cette connaissance préalable.

3- Réponse au troisième argument. Thomas clarifie que la condition du récepteur ne peut pas transférer une forme d'un type à un autre ; cependant, elle peut varier à l'intérieur du même type selon la manière dont elle se manifeste. Cela signifie que, étant donné que les espèces universelles et particulières sont différentes, l'intellect possible seul n'est pas suffisant pour transformer les formes particulières de l'imagination en universelles. Par conséquent, l'action de l'intellect agent est nécessaire pour réaliser cette universalisation.

4- Réponse au quatrième argument. Ici, on discute de la relation entre la lumière et la vision. Certains philosophes soutiennent que la lumière est nécessaire pour voir parce qu'elle permet aux couleurs de devenir visibles, tandis qu'Aristote soutient que les couleurs sont visibles en elles-mêmes. Cependant, il est conclu que la lumière est essentielle pour rendre un milieu transparent et permettre la visibilité des couleurs. De manière similaire, l'intellect agent est nécessaire pour que les concepts en puissance deviennent des concepts en acte, ce qui signifie qu'il est fondamental pour la compréhension des idées.

5- Réponse au cinquième argument. Il est soutenu qu'un objet sensible, étant particulier, ne peut pas influencer la perception d'un autre type de forme ; c'est-à-dire que l'intellect possible peut recevoir des idées universelles qui ne sont pas contenues uniquement dans les formes particulières de l'imagination. Cette distinction souligne que l'intellect agent est essentiel pour comprendre les intelligibles, contrairement aux capacités sensorielles qui ne traitent que du particulier.

6- Réponse au sixième argument. Il est argumenté que l'intellect possible, bien qu'il soit en acte, ne peut produire de connaissance sans l'intellect agent. Dans le processus d'apprentissage, l'intellect possible peut être partiellement en acte et en puissance. Cependant, pour que la connaissance des principes soit acquise, l'intervention de l'intellect agent est nécessaire, celui-ci agissant comme médiateur dans le processus d'apprentissage. Cet intellect permet à la connaissance de se développer à partir des expériences sensorielles.

7- Réponse au septième argument. Tout comme dans le domaine naturel il existe des principes actifs propres à chaque genre, il est également nécessaire d'avoir une "lumière" intellectuelle spécifique chez les êtres humains, en plus de l'influence divine qui agit comme cause générale de l'illumination de l'entendement. Cela renforce l'idée que, bien que Dieu soit la source de toute lumière et connaissance, il existe également un besoin d'un intellect agent qui travaille à l'intérieur de chaque individu.

8- Réponse au huitième argument. Il est précisé que bien qu'il existe deux types d'intellect (le possible et l'agent), cela ne signifie pas qu'il y ait deux manières de comprendre chez l'être humain. Les deux actions — recevoir les intelligibles et abstraire les intelligibles — doivent travailler ensemble pour qu'il y ait compréhension. En d'autres termes, la connaissance se produit lorsque les deux intellects collaborent.

9- Réponse au neuvième argument. Il est expliqué que l'espèce intelligible se rapporte à la fois à l'intellect agent et à l'intellect possible, mais de manière différente. Tandis que l'intellect possible reçoit les formes passivement, l'intellect agent agit activement pour créer ces formes à travers le processus d'abstraction. Cela met en évidence la fonction active de l'intellect agent dans l'acquisition du savoir.

À travers ces arguments, Saint Thomas d'Aquin établit la nécessité de l'intellect agent pour le processus de connaissance, soulignant l'interaction entre les puissances de l'âme et comment une action active est requise pour transformer la connaissance en acte.

5. QUESTION 5 : Si un intellect agent séparé existe pour tous les hommes

> Saint Thomas expose dix arguments de divers auteurs, selon lesquels il semble que l'intellect agent soit unique et séparé.

1- *Le Philosophe* affirme que l'intellect agent est toujours actif et ne connaît aucun moment d'inactivité, tandis que, dans notre expérience humaine, tout est soumis à des moments d'activité et d'inactivité. Cela suggère que l'intellect agent doit être une entité séparée, non limitée par l'expérience humaine, et qu'il doit donc être unique et universel.

2- On affirme qu'il est impossible qu'une chose soit simultanément en puissance et en acte par rapport à la même réalité. Puisque l'intellect possible est en puissance par rapport à tous les intelligibles, et que l'intellect agent est en acte par rapport à eux, il semble incompatible que ces deux aspects coexistent dans la même substance de l'âme. Ainsi, il est conclu que l'intellect agent doit être séparé de l'intellect possible.

3- L'intellect possible est en puissance par rapport aux intelligibles, ce qui signifie qu'il ne les possède pas encore de manière active. En revanche, l'intellect agent agit sur ces intelligibles, les rendant accessibles et compréhensibles. On soutient que l'intellect possible ne peut être en acte par rapport aux intelligibles qu'il possède déjà, car, dans ce cas, il ne pourrait plus être considéré comme « possible », mais comme un savoir déjà acquis.

4- *Le Philosophe* attribue à l'intellect agent des caractéristiques propres aux substances séparées, telles que la perpétuité et l'incorruptibilité. Cela suggère que l'intellect agent est effectivement une substance séparée.

5- On argumente que l'intellect ne dépend pas de la complexion corporelle et que, bien que la capacité à comprendre varie d'une personne à l'autre en raison de différences corporelles, cela n'implique pas que l'intellect agent fasse partie de notre constitution. Par conséquent, l'intellect agent semble être quelque chose de séparé de notre nature.

6- Il est affirmé qu'un agent et un patient suffisent pour toute action. Si l'intellect possible fait partie de notre substance et que l'intellect agent également, il semblerait que nous disposions de tout le nécessaire pour comprendre. Cependant, il est établi qu'en réalité, nous avons besoin des sens, de l'enseignement et de l'illumination divine, ce qui indique que l'intellect agent ne peut être simplement quelque chose que nous possédons.

7- L'intellect agent est comparé à la lumière, de sorte que, tout comme la lumière du soleil rend tout visible, une lumière unique et séparée pourrait suffire à rendre tout intelligible. Cela impliquerait qu'un intellect agent interne n'est pas nécessaire.

8- On argumente que l'intellect agent ressemble à l'art, et que l'art est un principe séparé de son objet. Par conséquent, il est conclu que l'intellect agent doit aussi être un principe séparé.

9- On soutient que la perfection de toute nature implique qu'elle ressemble à son agent. Si l'intellect agent faisait partie de notre âme, la perfection de celle-ci dépendrait de quelque chose qui lui est intrinsèque, ce qui serait absurde, car cela signifierait que l'âme pourrait trouver sa plénitude en elle-même. Par conséquent, l'intellect agent ne peut être considéré comme appartenant à notre nature.

10- Il est établi que l'agent est plus noble que le patient, selon le livre III du *De Anima*. Si l'on admet que l'intellect possible est, d'une certaine manière, séparé, alors l'intellect agent, qui agit sur le possible, devrait l'être encore davantage. Cela implique que l'intellect agent ne peut résider dans la substance de l'âme, mais doit être complètement extérieur à celle-ci. Cela renforce l'idée que l'intellect agent est une entité séparée qui transcende l'existence de l'âme humaine.

> Saint Thomas présente ensuite deux arguments d'autorité selon lesquels l'intellect agent n'est pas une entité séparée de l'âme

1- Selon le livre V du *De Anima*, toute nature contient une distinction fondamentale entre deux aspects : **le passif** ou potentiel, et **l'actif**, qui donne forme et actualise cette potentialité. Dans le cas de l'âme, il est nécessaire de reconnaître ces différences, l'une concernant l'intellect possible (aspect passif) et l'autre l'intellect agent (aspect actif). Par conséquent, l'intellect possible et l'intellect agent sont des composantes appartenant à l'essence de l'âme, et ne peuvent être considérés comme des entités séparées.

2- En outre, on argumente que l'opération de l'intellect agent consiste à abstraire les espèces intelligibles des images (ou *phantasmata*) présentes dans notre esprit. Cette abstraction se produit toujours en nous, et si l'intellect agent était une substance séparée, il n'y aurait aucune raison pour que cette abstraction se produise parfois et non d'autres fois. La régularité de cette fonction suggère que l'intellect agent doit être intimement lié à l'âme et ne peut être considéré comme une entité séparée.

> Saint Thomas propose ensuite sa propre réponse à la Question posée

Le texte expose l'argumentation de Saint Thomas sur la nature de l'intellect agent et sa relation avec l'intellect possible, ainsi que sa position sur les entités séparées et sur Dieu. On peut le diviser en neuf points pour le rendre plus compréhensible :

1-Nature de l'intellect agent et de l'intellect possible. Saint Thomas soutient que l'intellect agent est **plus apte** à être considéré comme une entité séparée que l'intellect possible. L'intellect possible se manifeste sous deux états : parfois en puissance et parfois en acte. En revanche, l'intellect agent est celui qui permet que nous comprenions réellement, c'est-à-dire celui qui accomplit l'action de comprendre.

Saint Thomas considère que l'intellect agent est **plus apte** à être considéré comme une entité séparée en raison de sa nature active et universelle, qui lui permet d'opérer indépendamment des limitations matérielles et particulières de l'intellect possible, lequel est intimement lié à l'essence de l'être humain et à ses expériences sensorielles. Cette distinction met en lumière la complexité de la compréhension humaine et sa relation avec des principes supérieurs ou universels de connaissance..

2- Différenciation entre actes et puissances. L'intellect agent, en tant que principe actif, peut être séparé de ce qui mène à l'action, tandis que l'intellect possible, qui est une capacité interne de l'être humain pour comprendre, doit être intrinsèque à l'essence de l'être.

1- Actes : Cela se réfère à la réalisation effective d'une action ou à l'état d'être dans lequel une entité opère de manière active. Dans ce contexte, l'intellect agent est un principe actif qui accomplit l'action d'abstraire.

2- Puissances : En contraste, la puissance désigne la capacité ou la possibilité de réaliser une action. Dans le cas de l'intellect possible, celui-ci est défini comme la capacité interne de l'être humain à comprendre, c'est-à-dire son potentiel à recevoir et traiter des informations.

L'intellect agent est considéré comme un principe actif parce qu'il est responsable de la réalisation d'actes intellectuels. Il peut être "séparé de ce qui mène à l'action", ce qui implique que l'intellect agent peut opérer de manière indépendante ou abstraite par rapport aux images et expériences sensorielles. Cela signifie qu'il peut abstraire des idées et des concepts sans être immédiatement connecté aux données sensorielles spécifiques. Cette capacité d'abstraction suggère une forme d'indépendance et un niveau supérieur d'activité intellectuelle.[2]

D'autre part, l'intellect possible se définit comme une capacité interne appartenant intrinsèquement à l'essence de l'être humain. Cela implique que l'intellect possible est intimement lié à la nature même de l'homme ; il ne peut en être séparé sans perdre son essence. C'est l'aspect de l'esprit qui reçoit et comprend les idées, présentées à travers les expériences sensorielles et les images mentales (*phantasmata*).

La différenciation entre ces deux types d'intellect souligne la complexité du processus cognitif humain. Alors que l'intellect agent a la capacité d'opérer de manière plus abstraite et active, l'intellect possible est limité à être une capacité passive nécessitant les informations sensorielles pour fonctionner. Les deux sont essentiels pour la compréhension, mais ils ont des rôles différents dans la dynamique de la connaissance.

L'intellect agent peut agir de manière indépendante et a un caractère actif dans la génération du savoir, tandis que l'intellect possible est une capacité interne et essentielle qui doit être présente chez l'être humain pour permettre la compréhension. Cette distinction est fondamentale pour comprendre le fonctionnement de l'esprit humain selon la philosophie de Saint Thomas d'Aquin.

3- Concept des intelligences et entités séparées. Certains philosophes soutiennent que l'intellect agent est une substance séparée, qu'ils appellent "intelligence". Cette intelligence est liée aux âmes humaines de manière similaire à celle des substances supérieures avec les âmes des corps célestes.

4- La relation entre Dieu et l'intellect agent. La foi catholique enseigne que Dieu est le seul à agir dans nos âmes et non une autre substance séparée. Certains ont argumenté que l'intellect agent pourrait être Dieu, la "vraie lumière" qui éclaire tout homme. Cependant, Saint Thomas considère que cette position est inadéquate.

5- Principes actifs universels et particuliers. De même que les corps célestes sont des principes actifs universels pour les corps inférieurs, un principe actif particulier est requis pour les opérations des êtres vivants, ce qui, dans le cas de l'être humain, est l'intellect agent.

Le texte fait référence à la relation entre les principes actifs dans le contexte de la philosophie thomiste, en particulier en ce qui concerne les corps célestes, les corps inférieurs et l'opération de l'intellect humain.

Saint Thomas établit que les corps célestes (comme les étoiles et planètes) agissent comme des principes actifs universels. Cela signifie qu'ils ont un impact général sur tous les corps inférieurs, comme ceux qui existent sur Terre. Leur influence se manifeste dans des phénomènes naturels tels que le climat, les marées et d'autres aspects du monde physique. Ces principes sont "universels" car ils affectent un grand nombre d'entités ou de phénomènes sans distinction.

En revanche, dans le domaine des êtres vivants, un principe actif particulier est nécessaire pour influencer les opérations spécifiques de chacun. Contrairement aux principes universels, qui ont un effet général, les principes actifs particuliers s'appliquent à des situations ou entités concrètes. Dans le cas de l'homme, ce principe actif particulier est l' "intellect agent".

L'intellect agent est une capacité humaine qui permet l'abstraction et la compréhension des idées. C'est l'aspect de notre esprit qui prend les images et expériences sensorielles et les transforme en connaissance. Contrairement aux principes actifs universels qui affectent tous les corps de manière égale, l'intellect agent agit à un niveau individuel, permettant à chaque être humain de réaliser des actes de connaissance et de compréhension spécifiques.

La distinction entre principes actifs universels et particuliers met en évidence la complexité de l'action et de la connaissance. Alors que les corps célestes influencent le monde de manière générale, l'intellect agent est essentiel aux activités intellectuelles et au développement de la connaissance humaine. Ce principe particulier est fondamental pour la nature de l'homme, car il nous permet non seulement de recevoir des informations du monde extérieur, mais aussi de les traiter et de les comprendre activement.

6- Implications d'un intellect agent séparé. Si l'on soutient que l'intellect agent est une entité séparée de Dieu, cela impliquerait que la dernière perfection et le bonheur de l'homme dépendraient de son union avec quelque chose qui n'est pas Dieu, ce qui contredit l'enseignement évangélique sur la vie éternelle comme la connaissance de Dieu.

7- La difficulté d'un intellect agent séparé. Saint Thomas argumente aussi qu'il est impossible que l'intellect agent soit une substance séparée pour les mêmes raisons que celles s'appliquant à l'intellect possible. Les opérations de l'intellect agent (abstraction) et de l'intellect possible (réception de l'intelligible) sont expérimentées en nous. Chaque opération nécessite un principe formel intrinsèque qui ne peut simplement être externe.

8- Interaction entre puissance et acte. Dans la nature humaine, les images mentales *(phantasmata)* peuvent être vues comme étant en puissance par rapport aux entités qu'elles représentent, tandis qu'elles sont en acte en tant que similitudes de choses déterminées. L'intellect possible est en puissance pour tous les intelligibles, mais il se détermine à comprendre à travers les espèces abstraites.

9- Activité de l'intellect agent. L'intellect agent se présente comme une vertu active qui abstrait les images de leurs conditions matérielles, similaire à une lumière permettant aux couleurs d'être visibles. L'idée que l'intellect agent est une simple habitude de principes indémontrables est réfutée, car nous abstraisons également ces vérités à partir du singulier, indiquant que l'intellect agent doit exister comme cause des principes.

Saint Thomas argue que tant l'intellect possible que l'intellect agent sont essentiels à la nature de la compréhension humaine, et que les deux résident dans l'âme, plutôt que d'être des entités séparées, car cela mènerait à des confusions théologiques et philosophiques qui contredisent la foi catholique.

> À la suite, Saint Thomas répond à chacun des dix arguments initialement exposés, qui considéraient l'intellect agent comme une entité

séparée

1- Réponse au premier argument. Saint Thomas précise que l'affirmation d'Aristote concernant l'intellect agent et l'intellect en acte ne s'applique pas à l'intellect agent, mais à l'intellect en acte. Il explique que, selon Aristote, il est nécessaire de distinguer entre l'intellect possible et l'intellect en acte. L'intellect possible et l'objet compris ne sont pas identiques, tandis que l'intellect en acte est identique à l'objet compris en acte. Il ajoute que, bien que l'intellect possible puisse comprendre à certains moments et non à d'autres, l'intellect en acte est toujours en état de compréhension.

2- Réponse au deuxième argument. Il est indiqué que la substance de l'âme est en puissance et en acte par rapport aux mêmes fantômes (images mentales), mais pas de la même manière. Cela suggère que l'intellect agent agit différemment par rapport aux images que l'intellect possible.

3- Réponse au troisième argument. L'intellect possible est en puissance par rapport à l'intelligible, tel qu'il existe dans les fantômes. En revanche, l'intellect agent agit sur ces intelligibles d'une manière différente, comme cela a été démontré auparavant.

4- Réponse au quatrième argument. Il est précisé que les affirmations d'Aristote concernant ce qui est séparé et immortel ne s'appliquent pas à l'intellect agent, car il a été mentionné précédemment que l'intellect possible est également séparé. Ces affirmations doivent être comprises dans le contexte de l'intellect en acte, qui englobe à la fois l'intellect agent et l'intellect possible. En ce sens, seul l'intellect qui englobe ces deux aspects est séparé, immortel et perpétuel, car les autres parties de l'âme n'existent pas sans le corps.

5- Réponse au cinquième argument. La diversité des complexions provoque une variation dans la capacité de comprendre, ce qui dépend des puissances que l'intellect utilise, telles que l'imagination et la mémoire, qui nécessitent des organes corporels.

6- Réponse au sixième argument. Bien qu'il y ait dans l'âme humaine un intellect agent et un intellect possible, il est nécessaire qu'un élément externe intervienne pour permettre la compréhension. Il faut des fantômes issus des expériences sensorielles, qui représentent les similitudes des choses pour l'intellect. L'intellect agent, à lui seul, ne suffit pas pour appréhender les espèces déterminées sans l'aide d'éléments externes qui le guident. De plus, il est soutenu que si l'on considère l'intellect agent comme une vertu partagée dans nos âmes, il faut une cause externe de laquelle cette lumière dérive, identifiée à Dieu, qui fournit une compréhension dépassant la raison naturelle.

7- Réponse au septième argument. Les couleurs qui activent la vue sont externes, tandis que les fantômes qui activent l'intellect possible sont intrinsèques à l'être humain. C'est pourquoi, bien que la lumière solaire suffise à rendre les couleurs visibles, pour que les fantômes deviennent intelligibles en acte, il faut la lumière intérieure de l'intellect agent. En outre, il est argumenté que la partie intellectuelle de l'âme est plus parfaite que la partie sensitive, ce qui justifie la nécessité de principes plus complets pour son fonctionnement.

8- Réponse au huitième argument. Saint Thomas reconnaît qu'il existe une certaine similitude entre l'intellect agent et l'art, mais il précise que cette comparaison ne doit pas être étendue à tous les aspects.

9- Réponse au neuvième argument. L'intellect agent, à lui seul, ne peut pas porter l'intellect possible à un état de perfection complète, car il ne contient pas les formes spécifiques de toutes les choses. Par conséquent, il est nécessaire que l'intellect possible soit uni à quelque chose qui possède les formes de toutes les choses, et cette source ultime est Dieu.

10- Réponse au dixième argument. Enfin, il est établi que l'intellect agent est plus noble que l'intellect possible, tout comme la vertu active est plus noble que la vertu passive. Cette distinction se justifie par la plus grande distance de l'intellect agent par rapport à la matière ; cependant, cela ne signifie pas qu'il s'agit d'une substance totalement séparée.

6. QUESTION 6 : L'âme est-elle composée de matière et de forme ?

> Saint Thomas expose dix-sept arguments de divers auteurs, selon lesquels il semble que l'âme soit composée de matière et de forme

1- Argument de Boèce sur la simplicité et le fait d'être un sujet. Selon Boèce, dans le *Livre sur la Trinité*, une forme simple ne peut être un sujet. Puisque l'âme est le sujet des sciences et des vertus, elle ne peut être une forme simple ; par conséquent, elle devrait être composée de matière et de forme.

2- Participation et non-participation à l'être. Boèce, dans le *Livre des Hebdomades*, établit que ce qui « est » peut participer à quelque chose, mais que l'être en soi ne participe pas. Comme l'âme participe à des qualités qui l'informent, elle ne peut être une forme seule ; elle devrait donc posséder de la matière.

3- Acte et puissance dans l'être de l'âme. L'âme est considérée en philosophie comme une « forme », c'est-à-dire le principe qui donne vie et activité à un être. Cependant, si l'âme n'était que « forme », elle ne pourrait exister par elle-même, car elle serait dans un état de potentialité, c'est-à-dire qu'il lui manquerait quelque chose pour réaliser pleinement son existence. Dans ce contexte, on dit que chaque type de potentialité correspond à un acte unique ; par conséquent, si l'âme n'était que forme, elle ne pourrait être le sujet d'une autre action ou substance.

Malgré cela, il est évident que l'âme agit comme un sujet, ce qui signifie qu'elle peut réaliser des actions et être influencée par son environnement. Cela suggère que l'âme n'est pas une substance simple, mais plutôt une combinaison de matière et de forme. Cette combinaison permet à l'âme d'interagir avec le monde et de recevoir des influences externes. En résumé, l'âme est une entité composée qui peut agir et également être affectée par ce qui l'entoure.

4- Accidents spécifiques et individuels. Les accidents matériels correspondent aux individus, tandis que les accidents formels correspondent à des espèces complètes. Puisque l'âme possède des accidents individuels (comme l'aptitude musicale), elle ne peut être seulement forme et devrait être composée de matière et de forme.

5- Principe d'action et de passion. La forme est le principe de l'action, et la matière celui de la passivité. Puisqu'il y a à la fois action et passion dans l'âme (par exemple, dans l'intellect passif et actif), elle doit être composée de matière et de forme.

6- Propriétés de la matière dans l'âme. Des caractéristiques comme être en puissance, recevoir ou subvenir sont des propriétés matérielles, qui se manifestent aussi dans l'âme. Cela suggère que l'âme possède de la matière.

7- Agents et patients communs. Selon la philosophie ancienne, les agents et les patients doivent partager une matière commune. Puisque l'âme peut souffrir des choses matérielles (comme le feu de l'enfer selon saint Augustin), elle doit posséder une part de matière.

8- L'action divine sur l'âme. Toute action aboutit à un composé de matière et de forme, comme le soutient Aristote dans la *Métaphysique*. Si Dieu agit sur l'âme, alors l'âme doit être un composé de matière et de forme.

9- Dépendance de l'âme envers Dieu pour l'être et l'unité. Ce qui est purement forme serait automatiquement un être et une unité en soi. Cependant, l'âme dépend de Dieu pour être et pour son unité, ce qui indiquerait une composition de matière et de forme.

10- Réduction de la puissance à l'acte. Tout ce qui passe de la puissance à l'acte doit être composé de matière et de forme. Puisque l'âme a besoin d'une cause efficiente pour passer de la puissance à l'acte, elle doit posséder de la matière.

11- Référence à Alexandre d'Aphrodise sur l'intellect. Ce texte se réfère à l'interprétation d'Alexandre d'Aphrodise sur la nature de l'intellect dans l'âme. Alexandre, un philosophe péripatéticien qui suit les enseignements d'Aristote, introduit l'idée de l'« intellect hylémorphique » pour expliquer le fonctionnement de l'intellect humain. Le mot « hylémorphique » combine deux termes grecs : *hylé* (matière) et *morphé* (forme). Ainsi, le concept d'
« intellect hylémorphique » implique que l'intellect possède un aspect de « matière première ».

Dans la philosophie aristotélicienne, la matière première est le substrat potentiel de toutes les formes et ne possède aucune caractéristique propre tant qu'une forme ne l'actualise pas.

En appliquant cela à l'intellect, Alexandre suggère que l'intellect a une capacité réceptive, comme s'il était une « matière » dans le sens d'être passif et capable de recevoir des formes de connaissance.

Si l'intellect est hylémorphique, alors, selon Alexandre, il existe dans l'âme une sorte de « matière » au sens philosophique. Cela ne signifie pas que l'âme soit faite de matière physique, mais qu'elle a une disposition à recevoir des connaissances et des concepts, comme une « puissance » qui s'actualise lorsqu'elle acquiert des formes intellectuelles (idées).

La référence à Alexandre suggère que l'âme n'est pas une forme pure et immuable, mais qu'elle possède une potentialité semblable à celle de la matière. Cela impliquerait une certaine « composition » dans l'âme, puisqu'elle est considérée en partie passive et potentielle, une caractéristique généralement associée à la matière dans la philosophie aristotélicienne.

12- Composition de puissance et d'acte dans l'âme. Tout être est soit acte pur, soit puissance pure, soit un composé des deux. Puisque l'âme n'est ni acte pur (exclusif à Dieu), ni puissance pure (propre à la matière), elle doit être un composé d'acte et de puissance.

13- Individuation et matière. L'individuation dépend de la matière. Puisque l'âme est individualisée, elle doit posséder une certaine forme de matière.

14- Souffrance de l'âme par les sensibilités. Puisque l'âme subit des passions provenant de choses sensibles et matérielles, elle semble partager quelque chose avec la matière, ce qui indique une composition matérielle.

15- Classification de l'âme comme espèce. Comme les anges, l'âme est considérée comme une espèce au sein d'un genre. Cela implique une composition de matière et de forme, car le genre agit comme matière et la différence spécifique comme forme.

16- Diversification des formes communes par la matière. L'intellectualité est une forme commune aux âmes et aux anges. Pour que cette forme commune se distribue entre plusieurs individus, il doit y avoir une matière divisante dans chaque cas.

17- Mouvement et matière dans l'âme. Tout ce qui est capable de mouvement possède de la matière. Saint Augustin affirme que l'âme est sujette au changement, ce qui montre qu'elle ne peut être une nature divine et qu'elle doit être composée de matière et de forme.

Chacun de ces arguments cherche à soutenir l'idée que l'âme humaine possède une structure composée de matière et de forme, et remet en question la notion selon laquelle elle serait une forme simple et séparée.

> Saint Thomas expose ensuite un argument d'autorité qui réfute l'idée que l'âme soit composée de matière et de forme

L'argumentation se développe ainsi :

1- Premisse initiale. Tout composé de matière et de forme possède une forme. Cela signifie que si quelque chose est composé de matière et de forme, cette combinaison nécessite une forme spécifique pour lui conférer son identité.

2- Hypothèse. Si l'âme est composée de matière et de forme, alors elle doit posséder une forme supplémentaire qui lui donne sa configuration particulière.

3- Problème posé. Cependant, l'âme elle-même est déjà considérée comme une forme, et non comme quelque chose nécessitant une forme supplémentaire. Dans la philosophie scolastique, la forme est le principe qui donne vie et configuration aux êtres. Si l'âme (qui est une forme) nécessitait une autre forme, cela mènerait à une paradoxale régression infinie, car chaque forme aurait besoin d'une autre forme pour la configurer, et ainsi de suite.

4- Conclusion. Ce raisonnement mènerait à une régression infinie (*ire in infinitum*), ce qui est problématique et impossible dans la philosophie scolastique. Par conséquent, si nous acceptons que l'âme est une forme, nous ne pouvons pas soutenir qu'elle soit composée de matière et de forme sans tomber dans des contradictions logiques.

L'objection conclut que l'âme ne peut être composée de matière et de forme, car il serait incohérent de lui attribuer une forme supplémentaire alors qu'elle est déjà, en soi, une forme.

> Saint Thomas propose ensuite sa propre réponse à la Question posée

Le Docteur Angélique rejette l'idée que l'âme soit composée de matière et de forme, une opinion défendue par des philosophes comme Avicebron.

Il commence par mentionner qu'il existe diverses opinions sur cette question. Certains pensent que toutes les substances, à l'exception de Dieu, sont composées de matière et de forme, en suivant la pensée d'Avicebron, auteur du *Fons Vitae*.

Avicebron argumente que toute entité possédant les propriétés de la matière (comme la capacité de recevoir ou d'être le sujet de quelque chose) doit contenir de la matière. Comme l'âme possède des propriétés similaires à celles de la matière — elle est réceptive et potentielle —, Avicebron en déduit qu'elle doit également être composée de matière. Cependant, Santo Tomás considère cette idée comme frivole et impossible.

Critique de Saint Thomas

1- Différences dans la manière de recevoir. Saint Thomas explique que le fait de "recevoir" ou de "subir" est différent pour l'âme et pour la matière. La matière première (matière sans forme) reçoit avec un changement ou un mouvement ; en revanche, l'âme reçoit la connaissance sans changement physique, c'est-à-dire sans mouvement.

2- La nature immatérielle de l'âme. La matière est présente uniquement dans les êtres corporels, puisqu'ils ont une localisation physique. En revanche, l'âme reçoit sans transformation physique, comme l'indique Aristote dans *De Anima*, où la réception du savoir s'opère sans souffrir comme le font les corps physiques.

3- Incohérence dans la composition de l'âme. Selon Saint Thomas, si l'âme était composée de matière et de forme, elle constituerait une espèce distincte dans la nature, indépendante du corps. Cela contredit la doctrine aristotélicienne selon laquelle le corps et l'âme forment ensemble l'espèce humaine, puisque le corps est une partie essentielle de cette espèce.

4- Incompatibilité de l'union avec le corps. Si l'âme était une composition de matière et de forme, elle ne pourrait pas être le principe formel qui donne l'existence au corps ; seule une partie de l'âme le serait. Ainsi, elle ne serait pas la forme complète du corps, ce qui est contradictoire, car l'âme est ce qui donne vie et forme au corps.

Saint Thomas rejette également certaines théories qui proposaient des idées complexes ou mystiques pour expliquer comment l'âme s'unit au corps. À son époque, certains philosophes et penseurs considéraient que la connexion entre l'âme et le corps s'opérait par une sorte de "lumière" ou force intermédiaire, parfois appelée "lumière cosmique". Selon cette théorie, les différentes classes d'âmes (végétative, sensitive et rationnelle) s'uniraient au corps par différentes formes de cette "lumière" ou énergie.

Saint Thomas considère que ces idées sont "fantastiques", car, selon lui, elles compliquent inutilement le processus d'union entre l'âme et le corps. Selon sa pensée, il n'est pas nécessaire d'imaginer une "lumière" ou un intermédiaire cosmique pour expliquer cette relation.

Au lieu de recourir à l'idée d'une lumière extérieure, Saint Thomas soutient que l'âme s'unit au corps directement et naturellement, comme l'acte s'unit à la puissance.

Saint Thomas aborde la composition de l'âme en termes d'acte et de puissance. Il explique ainsi comment l'âme peut être une entité indépendante et active sans nécessiter une composition matérielle.

Contrairement aux êtres matériels qui sont composés de matière et de forme, l'âme est une "forme subsistante". Cela signifie que, bien que l'âme n'ait pas de matière, elle existe de manière indépendante et peut subsister sans le corps.

Dans l'âme humaine, Saint Thomas identifie un autre type de composition : celle de l'essence *(essentia)* et de l'acte d'être ou d'exister *(esse* ou *actus essendi)*.

L'essence de l'âme est "ce qu'est l'âme", sa nature ou son "quoi". L'*esse* est l'acte d'exister, le "fait d'être" qui rend l'âme réellement en acte.

Saint Thomas explique que dans l'âme humaine, l'essence agit comme puissance par rapport à l'*esse*, qui agit comme acte. Cela signifie que l'essence de l'âme, à elle seule, a la capacité d'exister, mais elle devient un être réel et complet uniquement lorsque l'*esse* lui donne l'acte, c'est-à-dire lorsqu'elle reçoit l'acte d'être ou d'exister.

Pour Saint Thomas, cette structure d'acte et de puissance dans l'âme lui permet d'expliquer comment l'âme humaine peut exister sans dépendre d'un corps. En tant que forme subsistante, l'âme possède une "puissance" ou capacité (son essence) qui, en s'unissant avec l'*esse*, se réalise pleinement, lui conférant existence et réalité.

L'âme est une forme subsistante, qui peut avoir une composition d'acte et de puissance (essence et existence), mais pas de matière et de forme. La composition d'acte et de puissance se retrouve dans toutes les choses créées, où l'essence (puissance) reçoit l'acte d'être. Cependant, la composition de matière et de forme est limitée aux êtres matériels.

> À la suite, Saint Thomas répond à chacun des dix-sept arguments exposés initialement, qui considéraient l'âme comme composée de matière et de forme

1- Rejet de l'idée de Boèce. Saint Thomas affirme que Boèce parle d'une forme entièrement simple, se référant à l'essence divine, qui est un acte pur et ne peut être un sujet (ou recevoir) car elle n'a aucune potentialité.

2- Formes subsistantes. Contrairement à l'essence divine, d'autres formes simples, comme les anges et l'âme, sont subsistantes et peuvent être des sujets, car elles possèdent une certaine potentialité. Cela signifie qu'elles peuvent recevoir et agir en fonction de leur potentialité.

3- Comparaison entre essence et formes. Saint Thomas souligne qu'une forme ne se compare pas seulement à l'acte d'être *(esse)* comme puissance à acte, mais peut aussi se comparer à une autre forme comme puissance à acte (par exemple, la diaphanéité avec la lumière).

Si la diaphanéité existait comme une forme séparée, elle pourrait recevoir non seulement l'acte d'être, mais aussi la lumière. Cela s'applique également aux formes subsistantes comme les anges et les âmes, capables de recevoir à la fois l'acte d'être et d'autres perfections.

Plus ces formes subsistantes sont parfaites, moins elles ont besoin de participer à d'autres formes pour atteindre leur perfection, car elles possèdent davantage de perfection en leur propre nature.

4- Individualité de l'âme. Saint Thomas précise que les âmes humaines sont des formes individuelles dans des corps. Ainsi, elles peuvent avoir des propriétés accidentelles selon leur individualité, bien qu'elles ne s'appliquent pas à toute l'espèce.

5- Passion dans l'âme. La passion attribuée à l'intellect possible n'est pas du même type que la passion dans la matière. Saint Thomas distingue la réception dans l'intellect, qui est immatérielle, de l'action naturelle, qui implique l'impression de formes dans la matière.

Cela signifie que l'action et la passion dans l'âme ne conduisent pas à la conclusion que l'âme est une composition de matière et de forme.

6- Réception et support. Les termes comme "recevoir" et "supporter" s'appliquent à l'âme d'une manière différente que pour la matière première. Cela indique qu'il n'est pas correct de supposer que les propriétés de la matière s'appliquent également à l'âme.

7- Souffrance de l'âme. Bien que l'enfer (qui est matériel) affecte l'âme, il ne le fait pas de manière matérielle. La souffrance que l'âme éprouve est spirituelle et liée à la justice divine.

8- Action générative vs action créatrice. L'action de générer est limitée aux composés de matière et de forme, tandis que l'action créatrice n'est pas restreinte par la matière.

9- **Causes des formes subsistantes.** Les formes subsistantes n'ont pas besoin d'une cause formelle pour être unies en unité et existence, car elles sont des formes en elles-mêmes. Cependant, elles ont besoin d'une cause externe pour leur donner l'existence.

10- **Agent en mouvement.** Un agent en mouvement convertit quelque chose de puissance en acte. Un agent immobile ne convertit pas de puissance en acte, mais donne l'existence à ce qui, par nature, est en puissance d'être.

11- **Intellect hylémorphique ou intellect possible.** Certains l'appellent intellect matériel. Ce type d'intellect n'est pas matériel, mais il a des similitudes avec la matière, car il est en puissance par rapport aux formes intelligibles, comme la matière l'est par rapport aux formes sensibles.

12- **Composition de l'âme.** Bien que l'âme ne soit ni acte pur ni puissance pure, cela n'implique pas qu'elle soit une combinaison de matière et de forme.

13- **Individuation de l'âme.** L'âme ne s'individue pas par la matière dont elle est faite, mais par sa relation avec la matière dans laquelle elle se trouve.

14- **Sensation et connexion.** L'âme sensitive ne souffre pas à cause des sensibles, mais à cause de sa connexion avec eux. Sentir est un type de souffrance qui ne concerne pas seulement l'âme, mais aussi l'organe animé.

15- **Catégorie de l'âme.** L'âme n'est pas classée dans un genre de manière stricte comme une espèce, mais elle est une partie de l'espèce humaine, ce qui implique qu'elle n'est pas une composition de matière et de forme.

16- **Intelligibilité et diversité.** L'intelligibilité ne se distribue pas comme une forme d'espèce entre plusieurs, car elle est spirituelle et immatérielle.

Elle se diversifie selon les formes, soit en différentes espèces, soit simplement en différents individus.

17- Mutabilité de l'âme et des anges. L'âme et les anges sont considérés comme des esprits mutables, car ils peuvent changer selon leur choix. Cependant, cette mutation concerne des changements dans leurs opérations, non dans leur essence, qui est immatérielle et ne dépend pas de la matière pour changer.

7. QUESTION 7 : Si l'ange et l'âme sont d'espèces différentes

> Saint Thomas expose dix-neuf arguments de différents auteurs, selon lesquels il semble que l'ange et l'âme ne diffèrent pas spécifiquement

1- On soutient que les entités qui ont la même opération naturelle sont de la même espèce. Étant donné que l'âme et les anges accomplissent la même opération, qui est l'intelligence, on conclut qu'ils sont de la même espèce.

2- Il est mentionné que l'intelligence de l'âme se fait par discours, tandis que celle de l'ange se fait sans discours, suggérant qu'il ne s'agit pas de la même opération. Cependant, il est répondu que différents types d'opérations n'impliquent pas nécessairement des puissances différentes. On peut comprendre certaines choses sans discours (comme les Premiers Principes) et d'autres avec discours (comme les conclusions). Par conséquent, ils ne diffèrent pas en espèce.

3- L'intelligence avec et sans discours est comparée au mouvement et à la tranquillité, en affirmant que le discours est un type de mouvement de l'intelligence. Cependant, être en mouvement et être en tranquillité ne diffèrent pas en espèce, de sorte que les formes d'intelligence ne le font pas non plus.

4- Il est souligné que les anges comprennent les choses par la parole, de la même manière que les âmes des bienheureux, et que cette connaissance est sans discours. Par conséquent, il n'y a pas de différence entre l'âme et l'ange en ce qui concerne la manière dont ils comprennent.

5- Il est avancé que tous les anges ne sont pas de la même espèce, bien qu'ils comprennent tous sans discours. Cela suggère que le mode de compréhension (avec ou sans discours) ne cause pas une différence d'espèce dans les entités intellectuelles.

6- Il est mentionné que certains anges comprennent mieux que d'autres. Cependant, il est répondu que comprendre mieux ou moins bien n'implique pas une différence d'espèce, car cela ne reflète qu'un degré de perfection dans la compréhension.

7- Il est observé que toutes les âmes humaines sont de la même espèce, bien que toutes ne comprennent pas de la même manière. Par conséquent, la capacité de comprendre avec plus ou moins de perfection n'implique pas une différence d'espèce dans les entités intellectuelles.

8- On soutient que l'âme humaine comprend par discours, en considérant les causes et les effets, et que les anges le font aussi. Par conséquent, il n'y a pas de différence dans la compréhension entre eux.

9- Il est établi que ceux qui sont perfectionnés par les mêmes perfectionnements sont de la même espèce. Étant donné que les anges et les âmes sont perfectionnés par la grâce, la gloire et la charité, on conclut qu'ils sont de la même espèce.

10- Il est suggéré que les entités qui partagent le même but sont de la même espèce. Comme les anges et les âmes recherchent la même béatitude éternelle, on conclut qu'ils sont de la même espèce.

11- Il est indiqué que si les anges et les âmes étaient d'espèces différentes, alors l'ange devrait être dans un ordre supérieur à l'âme. Cependant, on affirme qu'il n'y a pas d'intermédiaires entre l'esprit humain et Dieu, de sorte qu'ils ne peuvent pas différer en espèce.

12- On soutient que l'impression de la même image ne cause pas une différence d'espèce. Comme l'ange et l'âme sont tous deux l'image de Dieu, ils ne peuvent pas différer en espèce.

13- Il est dit que si l'ange et l'âme ont la même définition, alors ils sont de la même espèce. On cite Damascène, qui définit l'ange comme une substance incorporelle avec des caractéristiques qui s'appliquent également à l'âme humaine, de sorte que les deux sont de la même espèce.

14- On soutient que ceux qui coïncident dans la dernière différence sont de la même espèce, car cette différence constitue l'espèce. Comme les anges et les âmes partagent la nature d'êtres intellectuels, ils ne diffèrent pas en espèce.

15- Il est mentionné que ceux qui ne sont pas dans une espèce ne peuvent pas différer en espèce. Étant donné que l'âme n'est pas dans une espèce mais fait partie d'une espèce (en étant unie au corps, elle forme l'espèce humaine), elle ne peut pas différer de l'ange.

16- Cet argument soutient que la définition est un attribut essentiel des espèces. Selon la philosophie aristotélicienne, la définition d'une espèce doit inclure à la fois le genre et la différence spécifique qui caractérise les membres de cette espèce. Cependant, tant les anges que les âmes sont considérés comme simples, c'est-à-dire non composés de matière et de forme. Cette simplicité implique qu'ils ne peuvent pas être définis en termes de composition qui permettrait d'identifier un genre et une différence spécifique.

Étant donné qu'ils ne peuvent pas être définis de cette manière, l'argument conclut qu'ils ne peuvent pas différer en espèce. En d'autres termes, s'il n'y a pas de base définitoire permettant d'établir des différences claires entre les anges et les âmes, il faut conclure qu'ils appartiennent à la même espèce au sens large, car ils partagent la même nature d'êtres intellectuels et simples. Cela renforce l'idée que, malgré les différences dans leurs fonctions ou propriétés, l'essence sous-jacente des deux est commune, ce qui implique qu'ils ne peuvent pas être considérés comme des espèces différentes.

17- Cet argument repose sur la classification des espèces selon la logique aristotélicienne, qui établit que chaque espèce est constituée d'un genre (la catégorie générale à laquelle elle appartient) et d'une différence spécifique (la caractéristique qui distingue les membres de cette espèce de ceux d'autres espèces au sein du même genre).

Dans le cas des anges et des âmes, l'argument soutient qu'il n'y a pas de fondement ou de base distincte sur laquelle ces termes de genre et de différence peuvent être établis. Cela signifie que, puisque les anges et les âmes sont considérés comme simples et immatériels, leur essence ne peut pas être analysée ou divisée en genres et différences de la manière dont cela se fait avec d'autres êtres composés (comme les êtres matériels, composés de matière et de forme).

Comme il n'est pas possible d'identifier un genre et une différence spécifique qui distinguent les anges des âmes, il est conclu qu'ils ne peuvent pas être classés comme des espèces différentes. En d'autres termes, les deux partagent une nature commune qui les empêche d'être considérés comme des espèces distinctes, car l'absence de base sur laquelle construire cette classification conduit à la conclusion qu'ils appartiennent à la même espèce.

18- Cet argument se concentre sur l'idée que, selon la philosophie aristotélicienne, les entités qui diffèrent en espèce le font par des différences contraires, c'est-à-dire des caractéristiques opposées qui permettent de distinguer clairement une espèce de l'autre. Par exemple, dans le cas des êtres matériels, les différences contraires peuvent inclure des qualités telles que "chaud" et "froid" ou "humide" et "sec".

Dans le contexte des entités immatérielles, comme les anges et les âmes, l'argument soutient qu'il n'existe pas de contrariété. Cela est dû au fait que ces entités n'ont pas de propriétés matérielles qui peuvent être opposées entre elles, comme c'est le cas dans le monde physique. La contrariété, étant un principe fondamental dans la classification des espèces en philosophie, implique que pour que deux entités soient considérées comme appartenant à des espèces différentes, elles doivent présenter des caractéristiques qui s'opposent mutuellement.

Étant donné que les anges et les âmes sont considérés comme simples et immatériels, ils manquent des propriétés nécessaires pour établir des différences contraires. Par conséquent, l'argument conclut qu'en l'absence de contrariétés entre eux, les anges et les âmes ne peuvent pas différer en espèce. En résumé, le manque de différences opposées dans leur nature signifie qu'ils appartiennent à la même catégorie ou espèce, puisqu'ils ne peuvent pas être classés selon les distinctions appliquées aux entités matérielles.

19- Il est suggéré que les anges et les âmes semblent différer principalement en ce que l'ange ne s'unit pas au corps, alors que l'âme le fait. Cependant, il est précisé que le corps est considéré comme matière pour l'âme, et la matière ne définit pas l'espèce de la forme. Par conséquent, en aucun cas les anges et les âmes ne diffèrent en espèce.

> Ensuite, Saint Thomas expose un argument d'autorité selon lequel l'ange et l'âme diffèrent spécifiquement

L'argument se concentre sur la relation entre la différence en espèce et en nombre, en particulier dans le contexte des anges et des âmes.

Le texte commence par affirmer que les choses qui ne diffèrent pas en espèce, mais seulement en nombre, ne peuvent différer à moins qu'il n'y ait une distinction fondée sur la matière. Cela signifie que, si deux êtres appartiennent à la même espèce, la seule façon dont ils peuvent être considérés comme distincts est à travers leur matière, c'est-à-dire à travers les caractéristiques physiques ou matérielles qui les individualisent.

Ensuite, il est soutenu que tant les anges que les âmes sont immatériels et, par conséquent, n'ont pas de matière. Cette caractéristique est cruciale, car elle implique que la matière ne peut pas être utilisée pour les différencier. La matière est un élément essentiel pour établir la différence entre les êtres ; s'ils en sont dépourvus, ils ne peuvent pas être distingués de cette manière.

L'argument continue en suggérant que, si l'ange et l'âme ne diffèrent pas en espèce, alors, suivant la logique présentée, ils ne devraient pas non plus différer en nombre. Cela est dû au fait que la différenciation numérique ne peut se produire que par le biais de la matière, et puisque tous deux en sont dépourvus, la conclusion logique serait qu'ils sont un et le même être en termes numériques.

Cependant, il est établi que cette conclusion est fausse. En réalité, on reconnaît qu'il existe de multiples anges et de multiples âmes, ce qui montre que, bien qu'ils soient immatériels, ils ne sont pas identiques en nombre. Cette réalité contredit l'affirmation selon laquelle ils ne peuvent pas différer en espèce.

Enfin, le texte conclut que, puisque l'ange et l'âme ne peuvent être considérés comme identiques en nombre (car il y en a plusieurs des deux), ils doivent différer en espèce. Cela implique qu'en dépit de leur nature immatérielle, il existe des différences fondamentales qui les distinguent en tant qu'êtres différents, chacun ayant sa propre essence.

> Ensuite, Saint Thomas propose sa propre réponse à la Question posée

La solution que propose Saint Thomas à la Question de savoir si l'âme humaine et les anges appartiennent à la même espèce se développe de la manière suivante :

1- Référence à Origène. Saint Thomas commence par citer Origène, qui soutenait que toutes les créatures rationnelles ont été créées égales par Dieu, mais que leur libre arbitre a conduit certaines à se rapprocher de Dieu et d'autres à s'en éloigner, ce qui a abouti à une diversité dans la création. Origène cherchait à éviter les anciennes hérésies en proposant que la variabilité des créatures provient de leurs décisions morales et de leur relation avec Dieu.

2- Critique de la position d'Origène. Cependant, Saint Thomas critique cette vision, soulignant qu'Origène s'est trop concentré sur le bien individuel de chaque créature sans considérer le bien du tout. Un bon architecte ne fait pas toutes les parties d'une maison égales en valeur, mais il attribue des valeurs différentes aux parties en fonction de leur contribution à l'ensemble. De la même manière, Dieu, en tant qu'architecte de l'univers, ne crée pas tout de manière égale, car cela conduirait à un univers imparfait.

3- Différenciation des créatures. Selon Saint Thomas, si l'on soutient que l'âme humaine et les anges appartiennent à la même espèce, il faudrait chercher la différence entre eux dans la forme. En considérant que tous deux sont immatériels, la seule différence qu'ils pourraient avoir serait formelle, ce qui indiquerait qu'ils ne sont pas égaux en espèce. Il précise également qu'on ne peut pas affirmer que les anges et les âmes sont composés de matière et de forme, car cela impliquerait qu'ils ont une matière commune, ce qui n'est pas plausible.

4- Nature des anges et des âmes. Saint Thomas rejette l'idée que les anges et les âmes soient composés de matière et de forme, arguant qu'une telle affirmation conduirait à des confusions. Au lieu de cela, il soutient que la différence entre les anges et les âmes doit être considérée à travers leurs diverses perfections, c'est-à-dire dans la manière dont ils se rapportent à leur principe d'existence (Dieu).

5- Différence dans les degrés de perfection. Il mentionne que dans les substances matérielles, la diversité des espèces est liée aux degrés de perfection de la nature. Au fur et à mesure que l'on passe des éléments aux animaux, on observe une progression dans la perfection. Cependant, dans les substances immatérielles, la différence d'espèce se mesure en fonction de leur proximité avec le premier agent (Dieu), les substances les plus proches de Dieu étant les plus parfaites.

6- L'âme humaine comme dernière dans la hiérarchie. Dans ce contexte, Saint Thomas affirme que l'âme humaine occupe la dernière place dans cette hiérarchie de perfection. Contrairement aux anges, l'âme humaine est potentiellement capable de comprendre et d'acquérir des connaissances par l'expérience sensorielle, ce qui implique qu'elle a besoin d'un corps pour atteindre sa plénitude.

7- Conclusion sur l'espèce. Enfin, il conclut que, puisque les anges et l'âme humaine diffèrent par leur degré de perfection et par rapport à leur principe, ils ne peuvent pas être de la même espèce. L'implication est que chaque type d'être spirituel (anges et âmes) a sa propre essence qui les distingue, reflétant ainsi la variété et l'ordre dans la création divine.

> Ensuite, Saint Thomas répond à chacun des dix-neuf arguments initialement exposés, qui considéraient que l'ange et l'âme différaient en espèce

1- Saint Thomas établit que la manière de comprendre chez les anges et les âmes n'est pas de la même espèce. Si les formes qui sont des principes d'opération diffèrent en espèce, leurs opérations doivent également différer. Par exemple, chauffer et refroidir sont des opérations différentes parce qu'elles dépendent de formes différentes (chaleur et froid). Les espèces intelligibles utilisées par les âmes sont abstraites des images sensibles, tandis que celles des anges sont innées. Cela implique que la compréhension humaine et angélique sont différentes en espèce. La différence dans leur manière de comprendre conduit aussi à ce que les anges puissent comprendre sans raisonnement discursif, tandis que les âmes ont besoin d'un processus discursif pour atteindre l'essence des choses.

2- Saint Thomas soutient que les âmes intellectuelles comprennent par des espèces abstraites des images sensibles, et elles comprennent à la fois les principes et les conclusions. Par conséquent, en ce qui concerne les âmes, il s'agit du même savoir spécifiquement parlant. En revanche, les anges comprennent sans le processus d'abstraction des images sensibles. Par conséquent, la compréhension des anges et des âmes n'appartient pas à la même espèce.

3- Dans cette réponse, il est expliqué que le mouvement est lié à l'espèce de ce vers quoi il se dirige. Dans le cas de la compréhension, l'ange comprend sans avoir besoin d'un processus discursif, tandis que l'âme le fait par un processus discursif. Par conséquent, la compréhension des anges et des âmes n'appartient pas à la même espèce.

4- Saint Thomas soutient que l'espèce d'une chose est déterminée par son opération naturelle, et non par les actions qui proviennent de la participation à une nature supérieure. Il utilise l'exemple du fer et du bois, qui peuvent brûler lorsqu'ils sont incandescents, pour illustrer que, bien que les deux substances aient une opération similaire dans cet état, elles appartiennent à des espèces différentes.

En ce qui concerne la vision dans le Verbe, cette opération se fait par une lumière divine et dépasse les capacités naturelles des âmes et des anges. Par conséquent, on ne peut pas conclure que les anges et les âmes soient de la même espèce, car leurs opérations et leurs natures sont distinctes.

5- Ici, on argumente que, même parmi les différents anges, les espèces intelligibles ne sont pas équivalentes. À mesure qu'une substance intellectuelle se situe plus haut dans la hiérarchie et se rapproche de Dieu, ses formes de connaissance deviennent plus élevées et puissantes. Par conséquent, bien que les anges comprennent sans raisonnement discursif, cela ne signifie pas qu'ils appartiennent à la même espèce.

6- Il est mentionné que « plus » et « moins » peuvent être compris de deux manières : une, en ce qui concerne la matière qui participe à la même forme de différentes manières ; et une autre, par rapport aux différents degrés de perfection des formes. Dans ce dernier cas, la diversité des degrés peut différencier des espèces, comme les couleurs qui varient par rapport à la lumière.

7- Bien que toutes les âmes ne comprennent pas de la même manière, elles utilisent toutes des espèces de la même nature, qui proviennent d'images sensibles. L'inégalité dans la compréhension résulte de la diversité des vertus sensorielles et de la disposition des corps, ce qui ne crée pas une différence d'espèce.

8- Saint Thomas d'Aquin distingue deux modes de connaissance d'une chose par une autre : a- Connaissance d'une connaissance distincte : Cela implique de raisonner des principes aux conclusions, en utilisant un processus logique. b- Connaître par l'espèce elle-même : Il s'agit de comprendre directement l'essence de l'objet, sans avoir besoin de raisonnement.

Dans le cas des anges, ils connaissent les causes et les effets par leur propre essence, qui est similaire à celle de leur cause (Dieu). Cela leur permet d'avoir une connaissance intuitive et directe, sans recourir à un processus discursif. Ainsi, leur manière de connaître est immédiate et non analytique, contrairement aux humains.

9- Les perfections données aux anges et aux âmes proviennent de la participation à la nature divine. Cependant, cette coïncidence dans les perfections n'implique pas qu'ils soient de la même espèce.

10- Ici, on argumente que ce qui a un seul but naturel et immédiat est un dans l'espèce, mais que la béatitude éternelle est un but final et surnaturel, de sorte que la conclusion ne tient pas.

11- Saint Thomas clarifie qu'Augustin ne soutient pas qu'il n'y a rien entre notre esprit et Dieu en termes de dignité et de nature, mais que notre esprit est justifié et béatifié directement par Dieu. Il utilise l'analogie d'un soldat sous le roi pour expliquer cette relation. *Comme s'il disait qu'un simple soldat est immédiatement sous le roi, non parce que d'autres de plus haut rang ne sont pas sous le roi, mais parce que personne n'a de pouvoir sur lui, sauf le roi.*

12- Saint Thomas indique que ni l'âme ni l'ange ne sont l'image parfaite de Dieu, seule l'image parfaite est le Fils. Par conséquent, il n'est pas nécessaire qu'ils soient de la même espèce.

13- Dans cette réponse, il est indiqué que la définition qui s'applique à l'ange ne s'applique pas de la même manière à l'âme. L'ange est une substance incorporelle, tandis que l'âme ne peut pas être décrite de cette manière.

14- On argumente que ceux qui croient que l'âme et l'ange sont de la même espèce se basent sur un argument fort, mais pas décisif. La raison en est que la différence qui définit leur espèce doit être plus élevée tant dans la qualité de leur nature que dans leur définition.

C'est-à-dire qu'affirmer simplement que l'âme et l'ange sont « intellectuels » ne suffit pas à les classer ensemble, car ils doivent avoir une différence fondamentale plus significative. La comparaison avec les êtres sensibles illustre cela : si tous les animaux bruts étaient considérés comme de la même espèce simplement parce qu'ils sont sensibles, on ignorerait qu'il existe des variations plus profondes dans leurs natures.

Bien que l'âme et l'ange partagent une capacité intellectuelle, il existe des différences plus pertinentes qui empêchent qu'ils appartiennent à la même espèce.

15- Saint Thomas mentionne que l'âme fait partie de l'espèce et, en même temps, en est un principe qui donne l'espèce. Par conséquent, il convient d'examiner l'espèce de l'âme dans ce contexte.

16- Bien que la définition soit appliquée correctement à l'espèce, toutes les espèces ne sont pas définissables. Les espèces des choses immatérielles ne sont pas connues de la même manière que celles connues dans les sciences spéculatives, certaines étant connues par intuition. C'est pourquoi l'ange ne peut pas être défini de manière précise.

17- Le genre et la différence peuvent être considérés de deux manières : une, du point de vue réel, où le genre et la différence doivent se baser sur des natures différentes ; et l'autre, du point de vue logique, où ils ne doivent pas nécessairement être différents, mais peuvent considérer des aspects d'une même nature.

18- Saint Thomas discute que, d'un point de vue naturel, les différences doivent être opposées, car la matière peut recevoir des formes opposées. Cependant, d'un point de vue logique, toute opposition dans les différences est suffisante, comme on le voit dans les nombres.

19- Enfin, il est établi que, bien que la matière ne fournisse pas l'espèce, il convient de considérer la nature de la forme en relation avec la matière. Cela implique que la relation entre matière et forme est cruciale pour comprendre la nature des espèces.

8. QUESTION 8 : Si l'âme rationnelle doit être unie à un corps tel que celui qu'a l'homme

> Saint Thomas expose vingt arguments de différents auteurs, selon lesquels il semble que l'âme rationnelle ne devait pas s'unir à un corps tel que celui qu'a l'homme

1- On argumente que l'âme rationnelle est une forme très subtile et que la terre est le corps le plus bas. Par conséquent, il ne serait pas approprié qu'une âme aussi élevée s'unisse à un corps aussi inférieur que le corps terrestre.

2- On soutient que le corps humain, en atteignant une certaine perfection, pourrait ressembler au corps céleste, qui est complètement pur et sans contrariétés. Cependant, si le corps humain ressemble au céleste, cela impliquerait que le corps céleste est plus noble. Étant donné que l'âme rationnelle est supérieure à toute forme, elle devrait s'unir à un corps céleste, et non humain.

3- On discute que si le corps céleste est plus parfait que l'âme rationnelle, il doit être lié à une substance intelligente. Si cette substance est uniquement un moteur, le corps humain est plus parfait dans son union avec l'âme, car le moteur ne fait que mouvoir sans donner de forme. Par conséquent, bien qu'il puisse y avoir une substance intellectuelle comme forme du corps céleste, un corps ne serait pas nécessaire, car l'activité de l'intellect ne dépend pas d'un organe physique.[3]

4- On affirme que toute substance intellectuelle créée a la possibilité de pécher, car elle peut se détourner du bien suprême, qui est Dieu. Si les âmes intellectuelles s'unissaient à des corps célestes comme formes, elles pourraient pécher, ce qui entraînerait une séparation de l'âme du corps céleste. En effet : la peine du péché est la mort. Par conséquent, cette réflexion nous conduirait à soutenir la corruption des corps célestes et la souffrance ultérieure de leurs âmes en enfer, ce qui est inacceptable.

5- On soutient que toute substance intellectuelle est capable d'atteindre la béatitude. Si les corps célestes sont animés par des âmes intellectuelles, celles-ci pourraient également être béatifiées. Cela impliquerait que non seulement les anges et les humains, mais aussi d'autres entités pourraient jouir de la béatitude éternelle, ce qui contredit l'enseignement des docteurs de l'Église sur la communauté des saints.

6- Il est mentionné que le corps d'Adam était adéquatement proportionné à l'âme rationnelle. Cependant, le corps humain actuel est différent, car il est mortel et souffre, ce qui indique que ces corps ne sont pas appropriés pour l'âme rationnelle.

7- On dit que les instruments doivent être parfaitement obéissants au moteur. Étant donné que l'âme rationnelle est le moteur le plus noble parmi les inférieurs, elle devrait avoir un corps qui obéisse complètement. Cependant, le corps humain lutte contre l'esprit, ce qui n'est pas adéquat.

8- On avance que l'âme rationnelle devrait s'unir à un corps complètement spirituel, car le cœur humain est le plus chaud des animaux en raison de sa capacité générative. Par conséquent, il serait plus approprié qu'elle s'unisse à un corps complètement spirituel.

9- On argumente que l'âme est incorruptible, tandis que les corps humains sont corruptibles. Par conséquent, il ne serait pas approprié qu'une âme incorruptible s'unisse à un corps corruptible.

10- On soutient que l'âme rationnelle s'unit au corps pour constituer l'espèce humaine. Cependant, il serait plus commode que le corps auquel l'âme s'unit soit incorruptible, ce qui éviterait la nécessité de la génération pour conserver l'espèce.

11- On affirme que pour que le corps humain soit le plus noble parmi les corps inférieurs, il doit ressembler au corps céleste, qui est le plus noble. Mais le corps céleste n'a pas de contrariétés. Comme les corps humains en ont, ils ne sont pas appropriés pour l'âme rationnelle.[4]

12- On avance que l'âme est une forme simple et, par conséquent, devrait s'unir à un corps simple, comme le feu ou l'air.

13- Il est mentionné que l'âme humaine a une connexion avec les principes, et les anciens philosophes affirmaient que l'âme est de la nature des principes. Si l'âme n'est pas un élément, elle devrait alors s'unir à un corps élémentaire, comme le feu ou l'air.

14- On soutient que les corps de parties similaires sont plus simples que les corps de parties dissemblables. Par conséquent, l'âme, étant simple, devrait s'unir à un corps de parties similaires.

15- On dit que l'âme s'unit au corps comme forme et moteur. Par conséquent, l'âme rationnelle, étant la forme la plus noble, devrait s'unir à un corps très agile, mais les corps humains ne sont pas aussi agiles que ceux des oiseaux et d'autres animaux.

16- On cite Platon, qui dit que les formes sont accordées par le donateur selon les dispositions de la matière. Mais le corps humain ne semble pas avoir la disposition adéquate pour une âme aussi noble, étant donné qu'il est grossier et corruptible.

17- On affirme que dans l'âme humaine, il y a des formes intelligibles très particulières en relation avec les substances intelligibles supérieures. De telles formes correspondraient à l'opération du corps céleste, qui cause la génération et la corruption de ces particuliers. Par conséquent, l'âme humaine devrait s'unir à des corps célestes.

18- On établit que rien ne se déplace naturellement quand il est à sa place. Cependant, le ciel se déplace à sa place, ce qui implique qu'il ne se déplace pas naturellement. Par conséquent, on suggère que le ciel ait une âme unie à lui.

19- On mentionne que l'acte de narrer est propre à une substance intelligente. Comme le ciel raconte la gloire de Dieu (Psaumes 18,1), on conclut que les cieux sont intelligents et, par conséquent, ont une âme intellectuelle.

20- On argumente que l'âme est la forme la plus parfaite, donc elle devrait s'unir à un corps plus parfait. Cependant, le corps humain semble être le moins parfait, puisqu'il manque d'armes de défense et d'autres attributs que possèdent les corps des autres animaux.

> Ensuite, Saint Thomas expose un argument d'autorité selon lequel l'âme devait s'unir à un corps comme le corps humain

Le récit de la création dans le livre de la *Genèse* mentionne que Dieu forma l'homme de la poussière de la terre. Cela indique que le corps humain est essentiellement lié à la terre et au monde physique.

L'affirmation selon laquelle l'homme a été créé à l'image de Dieu met en évidence sa dignité et sa noblesse. En théologie chrétienne, cela implique que l'être humain a la capacité de raisonner, d'aimer et de se relier à Dieu, ce qui le distingue des autres créatures.

Il est soutenu que tout ce que Dieu crée est parfait et approprié à son but. Si Dieu a créé l'être humain avec une âme rationnelle portant son image, cela suggère que l'union de cette âme avec un corps terrestre est intentionnelle et appropriée.

Il est argumenté que, puisque l'âme rationnelle est une manifestation de l'image de Dieu, il est juste qu'elle s'unisse à un corps qui, bien que terrestre, fait partie du plan divin. Cela implique qu'il y a un but dans la création de l'être humain tel qu'il est, avec son corps physique et son âme rationnelle.

Cette objection renforce l'idée que la création de l'être humain par Dieu est cohérente et appropriée. L'âme rationnelle, qui reflète l'image divine, trouve sa place naturelle dans un corps humain, ce qui souligne l'importance et la valeur de l'être humain dans l'ordre de la création.

> Ensuite, Saint Thomas présente sa propre réponse à la Question soulevée

Saint Thomas propose une analyse philosophique sur la relation entre l'âme rationnelle et le corps humain. Il établit que la matière existe par la forme, et non l'inverse, ce qui implique que la nature du corps humain doit être déterminée par les caractéristiques de l'âme qui l'habite. Il cite le *De Anima* d'Aristote pour affirmer que l'âme n'est pas seulement la forme du corps, mais aussi son moteur et sa finalité, indiquant que l'âme rationnelle, étant la forme du corps humain, le dirige et lui donne un but.

L'âme humaine est considérée comme la plus basse dans l'ordre des substances intellectuelles, et contrairement aux êtres supérieurs, elle ne possède pas d'idées ou de "spécies intelligibles" innées. Elle est décrite comme une "table rase", qui doit recevoir la connaissance du monde extérieur par les sens. Le besoin du corps est accentué en argumentant que l'âme humaine a besoin de percevoir le monde à travers les sens, en particulier le sens du toucher, essentiel pour toutes les perceptions. Cette capacité sensorielle est fondamentale pour le fonctionnement de l'intellect.

Il est conclu que le corps humain doit être conçu de manière à être le plus adapté pour recevoir et traiter les perceptions sensorielles, à partir desquelles découleront les "spécies intelligibles". Cela implique que le corps doit être bien équilibré et avoir une bonne disposition pour le sens du toucher, qui est essentiel à l'expérience sensorielle. Bien que ce sens ait des caractéristiques uniques, il doit être capable d'interagir avec des opposés (chaleur et froid, humide et sec), ce qui exige que le corps humain soit équilibré dans sa composition.

De plus, il est souligné que la nature opère par degrés, depuis les éléments simples jusqu'à l'être humain, qui est considéré comme le résultat le plus parfait de ce mélange. La disposition du corps humain facilite les opérations intellectuelles et sensorielles, la structure du cerveau étant cruciale pour les fonctions cognitives. En ayant un cerveau plus grand par rapport à sa taille, l'être humain est mieux équipé pour les opérations intellectuelles.

Cependant, malgré sa perfection, le corps humain est soumis à des défauts inhérents à la matière, qui ne sont pas une défaillance du créateur, mais des conditions naturelles découlant de la matière elle-même. Dans la création de l'être humain, Dieu a accordé une justice originelle qui faisait que le corps était complètement subordonné à l'âme tant que celle-ci était en communion avec Dieu. Cependant, à cause du péché, l'âme se sépare de cette grâce, ce qui conduit à ce que le corps subisse des déficiences.

> Ensuite, Saint Thomas répond à chacun des vingt arguments initialement exposés, qui considéraient que l'âme ne devait pas s'unir à un corps comme le corps humain

1- Saint Thomas soutient que, bien que l'âme soit la forme la plus subtile de toutes les formes dans sa capacité de comprendre, elle a besoin de s'unir à un corps, ce qui se réalise à travers la complexité (la combinaison des éléments) pour acquérir les espèces intelligibles par les sens. Cela implique que le corps dont l'âme a besoin doit avoir une plus grande quantité d'éléments lourds, comme la terre et l'eau, pour permettre cette union. Si le feu, qui est très efficace dans son action, ne possédait pas ces éléments en plus grande quantité, il ne pourrait y avoir un mélange adéquat.

2- L'âme rationnelle s'unit à un corps, non pas parce qu'il est similaire au ciel, mais parce qu'il a une composition similaire. Cependant, selon Avicenne, elle s'unit à ce type de corps en raison de sa similitude avec le ciel, car il croyait que les corps inférieurs sont causés par les supérieurs. Lorsque les corps inférieurs atteignent une composition similaire à celle des corps célestes, ils obtiennent une forme similaire à celle du corps céleste, qui est considéré comme animé.

3- Concernant l'animation des corps célestes, il y a différentes opinions parmi les philosophes et les théologiens. Anaxagore soutenait que l'intellect actif est complètement immergé et séparé, et que les corps célestes sont inanimés. D'autres philosophes affirmaient que les corps célestes sont animés, bien que certains, comme Platon et Aristote, affirmaient que Dieu est quelque chose de supérieur à l'âme du ciel. Parmi les théologiens, Origène et ses suiveurs considéraient que les corps célestes sont animés, tandis que d'autres, comme Damascène, soutenaient qu'ils étaient inanimés. Saint Thomas conclut que les corps célestes sont animés par une substance intellectuelle qui agit comme forme, n'ayant que la puissance intellectuelle, mais pas la sensibilité.

4- Bien que toutes les substances intellectuelles créées puissent pécher selon leur nature, beaucoup ont été préservées par choix divin et par grâce pour ne pas pécher. Cela pourrait inclure les âmes des corps célestes, en considérant que les démons qui ont péché sont d'un ordre inférieur.

5- Si les corps célestes sont animés, leurs âmes appartiendraient à la société des anges. Saint Thomas mentionne qu'il n'est pas certain que le soleil, la lune et les étoiles appartiennent à la même société des anges, bien que certains considèrent qu'ils sont des corps brillants, mais pas nécessairement sensibles ou intellectuels.

6- Le corps d'Adam a été proportionné pour l'âme humaine, non seulement selon ce que la nature exige, mais aussi par la grâce, dont les humains sont privés, bien que la nature demeure inchangée.

7- La lutte interne dans l'homme, provoquée par des désirs opposés, provient également de la nécessité de la matière. Si l'homme possède des sens, il percevra nécessairement des plaisirs, ce qui entraîne la concupiscence pour ces plaisirs, qui s'oppose souvent à la raison. Cependant, l'homme a reçu un remède par la grâce dans l'état d'innocence, de sorte que les forces inférieures ne s'opposent pas à la raison, bien que ce don ait été perdu à cause du péché.

8- Les esprits, bien qu'ils soient des véhicules des vertus, ne peuvent être des organes des sens. Par conséquent, le corps humain ne pouvait pas être composé uniquement d'esprits.

9- La corruptibilité provient des défauts qui sont inhérents au corps humain en raison de la nature de la matière, particulièrement après le péché, qui a privé l'homme de l'aide de la grâce.

10- Il est préférable de considérer ce qui est le plus adapté à la fin, plutôt que ce qui découle de la nécessité de la matière. Il serait préférable que le corps d'un animal soit incorruptible, si la matière qui le compose le permettait naturellement.

11- Les corps qui sont plus proches des éléments et qui ont plus de contrariété, comme les pierres et les métaux, sont plus durables, car leur harmonie est moindre, ce qui rend leur décomposition plus difficile. Cependant, chez les animaux, la durée de la vie dépend du fait que l'humidité ne se dessèche pas facilement et que la chaleur ne s'éteigne pas, car la vie réside dans la chaleur et l'humidité. Cela se trouve chez l'homme selon la mesure requise par sa complexion équilibrée.

12- Le corps humain ne peut être un corps simple, ni le corps céleste, en raison de la capacité des organes sensoriels, en particulier le sens du toucher. Il ne peut pas non plus être un corps élémentaire simple, car dans l'élément, il y a des contrariétés en acte. Par conséquent, le corps humain doit être un corps équilibré.

13- Les anciens philosophes croyaient que l'âme, qui connaît tout, devait être semblable à toutes les choses. C'est pourquoi ils pensaient qu'elle faisait partie de la nature des éléments, qu'ils considéraient comme le principe de toutes choses, afin que l'âme puisse ainsi connaître tout. Cependant, Aristote a démontré que l'âme connaît tout dans la mesure où elle est semblable à toutes les choses en puissance, et non en acte. Par conséquent, le corps auquel l'âme s'unit ne doit pas être à un extrême, mais au milieu, afin qu'il puisse être potentiellement opposé.

14- Bien que l'âme soit simple dans son essence, elle est multiple dans sa puissance, et plus encore, plus elle est parfaite. Par conséquent, elle nécessite un corps organique qui ait des parties différentes.

15- L'âme ne s'unit pas au corps par le mouvement local ; en réalité, le mouvement local de l'homme et des autres animaux est orienté vers la conservation du corps uni à l'âme. L'âme s'unit au corps pour comprendre, ce qui est son opération principale, et elle requiert donc que le corps soit bien disposé pour servir l'âme dans ce qui est nécessaire à la compréhension, en ayant agilité et d'autres qualités que la disposition permet.

16- Platon affirmait que les formes des choses subsistent par elles-mêmes et que la participation des formes dans les matières est pour les perfectionner, non pour les formes qui subsistent par elles-mêmes. C'est pourquoi il concluait que les formes se donnaient aux matières selon leurs mérites. Cependant, selon Aristote, les formes naturelles ne subsistent pas par elles-mêmes ; par conséquent, l'union de la forme avec la matière n'est pas par la matière, mais par la forme. Il ne s'agit pas de la matière étant disposée pour recevoir la forme ; mais la matière doit être disposée pour que la forme soit telle. Ainsi, le corps humain est disposé selon ce qui correspond à une telle forme.

17- Bien que le corps céleste soit cause de ce qui est particulier, ce qui est généré et corrompu, il est cependant la cause de ce qui est général. Par conséquent, des agents déterminés sont nécessaires pour des espèces déterminées. Ainsi, le moteur du corps céleste n'a pas besoin d'avoir des formes particulières, mais universelles, que ce soit une âme ou un moteur séparé. Cependant, Avicenne considérait que l'âme du ciel devrait avoir l'imagination, afin de pouvoir comprendre ce qui est particulier. Puisqu'elle est la cause du mouvement du ciel, elle doit connaître le « ici » et le « maintenant ». Mais cela n'est pas nécessaire, premièrement, parce que le mouvement du ciel est uniforme et ne présente pas d'obstacles ; ainsi, une conception universelle est suffisante pour causer un tel mouvement. La conception particulière est nécessaire dans les mouvements des animaux en raison de l'irrégularité de leur mouvement et des obstacles qui peuvent se présenter. Deuxièmement, les substances intellectuelles supérieures peuvent comprendre ce qui est particulier sans nécessiter une puissance sensitive.

18- Le mouvement du ciel est naturel en raison du principe passif ou réceptif du mouvement, puisque ce corps correspond naturellement à ce mouvement ; mais le principe actif de ce mouvement est une substance intellectuelle. Ce qui est dit qu'aucun corps dans son lieu existant ne se déplace naturellement se comprend par rapport à un corps qui se déplace en ligne droite, c'est-à-dire qui change de lieu non seulement en raison, mais aussi dans le sujet. Un corps qui se déplace en cercles ne change pas complètement de lieu dans le sujet.

19- Le corps humain doit être un corps composé et non un corps élémentaire, en raison de sa structure organique et des sens qui nécessitent une organisation spécifique. Par conséquent, la perfection du corps humain réside dans sa complexité et dans sa capacité à agir comme un tout, ce qui permet à l'âme d'accéder aux diverses expériences sensorielles nécessaires à la connaissance.

20- Les philosophes anciens considéraient que la perfection du corps et de l'âme devait être en harmonie, puisque chacun dépend de l'autre pour accomplir son but. Le corps humain, avec sa complexité et son organisation, permet à l'âme de remplir sa fonction de connaissance. Par conséquent, l'essence du corps humain doit être configurée de telle manière qu'elle fournisse un environnement propice au développement et à l'activité de l'âme.

9. QUESTION 9 : Si l'âme est unie à la matière corporelle par un intermédiaire

> Saint Thomas expose dix-neuf arguments de différents auteurs, selon lesquels il semble que l'âme est unie à la matière corporelle par un intermédiaire

1- L'âme semble s'unir au corps par des puissances ou facultés, selon le livre *De spiritu et anima*.₅ Ces puissances sont distinctes de l'essence de l'âme, ce qui suggère que l'âme s'unit au corps par quelque chose de distinct de son essence.

2- On soutient que l'âme s'unit au corps par ses puissances comme moteur (agent de mouvement), mais non comme forme. Cependant, cette distinction est contestée. On affirme que l'âme est à la fois la forme du corps (donnant l'existence) et son moteur (initiateur de l'action) en même temps. Par conséquent, il n'est pas adéquat de diviser l'âme entre ses fonctions de moteur et de forme.

3- Si l'âme s'unissait au corps en tant que moteur seulement de manière accidentelle, elle ne formerait pas une véritable unité avec le corps. Mais l'âme s'unit au corps en elle-même, sans intermédiaire, ce qui renforce que l'union est essentielle et non accidentelle. Ensuite, l'âme en tant que telle ne s'unit pas au corps par un moyen intermédiaire comme moteur.

4- Les opérations de l'âme proviennent du composé, et non de l'âme seule. En ce sens, il n'existe pas d'intermédiaire entre l'âme et le corps pour effectuer ces opérations.

5- En tant que forme du corps, l'âme ne s'unit pas à une matière quelconque, mais à celle qui est adéquatement disposée. Cette disposition se réalise par des accidents propres, comme la chaleur et la sécheresse dans le feu. Les puissances de l'âme, étant ses accidents propres, pourraient servir de moyen pour son union au corps.

6- Un animal se meut lui-même et est divisé en deux parties : celle qui meut et celle qui est mue. L'âme est la partie qui meut, et le corps, qui est matière et forme, est la partie mue. Pour cette raison, il semble que l'âme s'unit à la matière corporelle par une forme intermédiaire.

7- La définition de toute forme inclut sa matière propre. Ainsi, dans la définition de l'âme, le corps physique et organique est inclus comme sa matière propre, ce qui suggère que l'âme s'unit au corps par une forme qui perfectionne d'abord la matière.

8- Dans la *Genèse*, il est dit que Dieu forma l'homme de la terre et lui inspira le "souffle de vie". Cela suggère qu'il existe une forme préalable dans la matière qui précède l'union de l'âme, jouant ainsi le rôle d'intermédiaire.

9- Les formes s'unissent à la matière en fonction de la capacité potentielle de celle-ci. D'abord, la matière est en puissance pour les formes élémentaires avant d'être en puissance pour d'autres formes. Ainsi, l'union de l'âme nécessiterait des formes élémentaires comme intermédiaires.

10- Le corps humain est un mélange d'éléments, et leurs formes doivent demeurer dans le mélange, faute de quoi les éléments se corrompraient. Par conséquent, l'âme s'unirait à la matière par ces formes élémentaires.

11- L'âme intellectuelle s'unit au corps en tant que forme dans la mesure où elle est intellectuelle, et la fonction de comprendre implique des puissances médiatrices. Cela suggère que l'âme s'unit au corps en tant que forme par ses puissances.

12- L'âme ne s'unit pas à un corps quelconque, mais à un corps proportionné. Cette proportion est le moyen par lequel l'âme s'unit au corps.

13- L'âme agit sur le corps principalement à travers le cœur, qui est la partie la plus proche de l'âme en relation avec ses puissances. Cela suggère que l'âme pourrait s'unir au corps par le cœur comme intermédiaire.

14- Étant donné que le corps possède diverses parties et que l'âme est simple, il semblerait logique que l'âme s'unisse d'abord à une partie spécifique du corps, puis aux autres à travers celle-ci.

15- L'âme, étant supérieure au corps, utilise des puissances supérieures (comme l'intellect) qui sont unies au corps par des puissances inférieures (comme l'imagination et le sens). Cela suggère que le corps s'unit à l'âme par des éléments simples, comme l'esprit et les humeurs.

16- Si la suppression d'un élément entraîne la dissolution de l'union entre l'âme et le corps, cet élément semble agir comme un intermédiaire. Lorsque le "souffle vital" ou la chaleur naturelle disparaît, le corps et l'âme se séparent, ce qui suggère que ces éléments sont le moyen de l'union.

17- L'âme s'unit à un corps spécifique qui a des dimensions déterminées, et ces dimensions pourraient agir comme des intermédiaires dans l'union.

18- Étant donné que l'âme et le corps sont très distincts par leur nature (l'une étant incorporelle et simple, l'autre corporelle et composée), une médiation semble nécessaire pour les unir.

19- L'âme humaine est semblable par nature aux substances intellectuelles séparées qui meuvent les corps célestes. Ainsi, il est suggéré que le corps humain possède quelque chose de la nature des corps célestes qui facilite l'union de l'âme.

> À la suite de cela, Saint Thomas expose un argument d'autorité selon lequel l'âme ne s'unit pas au corps par un intermédiaire

Selon Aristote, la forme s'unit directement à la matière, de sorte qu'étant l'âme la forme du corps humain, elle s'unit à celui-ci de manière immédiate.

> Enfin, Saint Thomas propose sa propre réponse à la Question posée

La réponse de Saint Thomas est une analyse approfondie de la relation entre la forme et la matière, particulièrement dans le contexte de l'essence des êtres et de leur existence. Dans ce texte, Saint Thomas soutient que l'"être" est ce qu'il y a de plus intime et essentiel dans les choses, et que c'est la forme qui confère à la matière son existence actuelle.

En premier lieu, Saint Thomas affirme que la forme substantielle est ce qui confère à la matière son être de manière directe et essentielle. La forme substantielle détermine ce qu'est une chose ; sans elle, la matière n'aurait pas d'être concret. Par exemple, dans le cas d'un être humain, l'âme est la forme qui confère à la matière (le corps) sa nature spécifique d'« humain ». En ce sens, la forme substantielle se distingue des formes accidentelles, qui n'apportent à la matière que des caractéristiques supplémentaires (comme la couleur ou la taille), mais pas son essence.

Saint Thomas rejette également l'idée qu'il puisse exister des formes substantielles intermédiaires entre la matière et la forme substantielle. Cette critique s'adresse à certaines positions philosophiques qui proposent une hiérarchie de formes, selon laquelle une forme initiale pourrait donner l'existence à la matière à un niveau inférieur, et d'autres formes ajouteraient des perfections supplémentaires. Selon lui, il ne peut y avoir qu'une seule forme substantielle qui confère l'être à la matière dans son ensemble ; cette forme est ce qui fait que la matière est un « quelque chose » spécifique.

De plus, il insiste sur le fait que les formes des êtres naturels peuvent être comprises comme une sorte de hiérarchie, où une forme peut être plus parfaite qu'une autre. Cette perfection s'entend en termes de la manière dont les formes constituent la matière à différents degrés d'être, allant de la simple existence corporelle à l'existence animée et rationnelle. En ce sens, la matière, lorsqu'elle est dans un état d'existence corporelle, est une sorte de base qui peut être perfectionnée par l'incorporation de formes plus élevées, comme l'âme.

Saint Thomas traite également du fait que la forme substantielle ne détermine pas seulement l'existence de la matière, mais agit également comme principe d'opération. La forme confère à la matière non seulement un être, mais aussi des capacités opérationnelles, et cela varie selon le degré de perfection de la forme. Les formes les plus parfaites possèdent une capacité d'action plus grande, ce qui se traduit par une diversité de fonctions chez les êtres vivants. Par exemple, chez les humains, différentes parties du corps (comme le cœur ou les poumons) ont des fonctions spécifiques qui dépendent de l'unité que la forme (l'âme) leur confère.

Enfin, Saint Thomas défend l'idée que l'âme et le corps sont unis de telle manière que l'âme agit comme forme du corps sans intermédiaires, c'est-à-dire que l'âme donne vie et spécificité au corps directement. Cela s'oppose aux théories qui proposent l'existence d'éléments intermédiaires reliant l'âme et le corps, comme certains humeurs ou esprits.

> Saint Thomas répond ensuite à chacun des dix-neuf arguments présentés initialement, qui considéraient que l'âme était unie au corps par un intermédiaire

1- Dans le premier argument, Saint Thomas explique que les facultés de l'âme sont des qualités qui lui permettent d'agir, et qu'elles se situent donc entre l'âme et le corps en termes de mouvement. Cependant, elles n'interviennent pas dans la fonction de donner l'existence. De plus, il précise que le livre attribué à Augustin, *De spiritu et anima*, n'est pas réellement de lui, et que l'auteur de ce texte soutenait que l'âme est sa propre puissance, rendant ainsi l'objection invalide.

2- Concernant le deuxième argument, Saint Thomas clarifie que, bien que l'âme soit forme en tant qu'acte et moteur, ses effets diffèrent selon la fonction qu'elle remplit. En tant que forme, elle a un effet ; en tant que moteur, un autre, ce qui rend la distinction valide.

3- Dans la troisième objection, il explique qu'entre un moteur et ce qu'il meut, il ne se forme pas une unité essentielle ; cependant, dans le cas de l'âme et du corps, c'est le cas, car l'âme est la forme du corps.

4- Dans la quatrième réponse, Saint Thomas précise que, concernant l'opération conjointe de l'âme et du corps, il n'y a rien entre l'âme et les parties du corps. Il y a simplement une partie du corps à travers laquelle l'âme agit en premier lieu, et d'autres parties participent à cette opération.

5- Dans la cinquième objection, il est exposé que les dispositions accidentelles nécessaires pour adapter la matière à une forme ne sont pas totalement intermédiaires entre la forme et la matière. Elles servent de médiatrices entre la forme comme perfection finale et la matière à un degré inférieur de perfection. Les puissances de l'âme sont accidentelles et propres à celle-ci, elles ne fonctionnent donc pas comme une disposition envers l'âme, mais comme des relations entre différents niveaux de puissance.

6- Dans le sixième argument, Saint Thomas reconnaît que l'âme et le corps se divisent en partie motrice et partie mue, ce qui est vrai, mais l'âme meut le corps par la perception et le désir. Cependant, la perception intellectuelle chez l'homme ne meut le corps que de manière indirecte à travers la perception sensible.

7- Le septième point aborde la relation entre le corps organique physique et l'âme, établissant que le corps agit comme matière pour l'âme, non pas par une forme intermédiaire, mais parce qu'il le reçoit de l'âme elle-même.

8- Dans la huitième réponse, il est précisé que, dans la création de l'homme selon la *Genèse*, la séquence « former l'homme de la poussière » et ensuite « insuffler le souffle de vie » n'implique pas une séparation temporelle, mais un ordre naturel.

9- La neuvième explication affirme que la matière est potentiellement ordonnée aux formes, sans que cela signifie qu'elle reçoit plusieurs formes substantielles de manière séquentielle ; au contraire, chaque forme supérieure exige les qualités d'une forme inférieure pour se manifester.

10- Dans la dixième objection, Saint Thomas discute de l'idée selon laquelle les formes élémentaires seraient activement présentes dans le composé. Cependant, il explique que les formes élémentaires subsistent en vertu de leurs accidents, mais pas dans leur essence, dans le composé.

11- La onzième réponse aborde le fait que, bien que l'âme soit la forme du corps, son opération intellectuelle ne la lie pas totalement à sa nature matérielle.

12- Dans le douzième argument, il est établi que la proportion entre l'âme et le corps réside dans les éléments proportionnels eux-mêmes et ne nécessite pas un intermédiaire entre eux.

13- Dans la réponse au treizième argument, Saint Thomas affirme que le cœur agit comme le premier instrument par lequel l'âme meut le corps, et bien que l'âme soit unie à toutes les parties du corps, elle est particulièrement unie au cœur comme moteur.

14- Dans le quatorzième argument, il est reconnu que l'âme, étant une forme simple, possède de multiples facultés permettant diverses opérations. Cette diversité influence la perfection de chaque partie du corps selon leurs fonctions respectives.

15- Dans le quinzième, il est expliqué comment les facultés inférieures de l'âme assistent les facultés supérieures dans leur opération, de même que le corps se relie à l'âme à travers les fonctions supérieures du corps.

16- La seizième réponse soutient que l'union entre l'âme et le corps se défait lorsque les dispositions naturelles, telles que la chaleur et l'humidité, sont altérées ; ces dispositions agissent comme des intermédiaires entre l'âme et le corps.

17- Dans le dix-septième argument, il est précisé que les dimensions ne s'appliquent à la matière qu'une fois constituée avec la forme substantielle, qui dans le cas de l'être humain est l'âme.

18- Dans le dix-huitième, Saint Thomas réfute l'idée selon laquelle l'âme et le corps sont séparés comme des entités appartenant à des genres ou espèces différents ; l'âme est la forme qui donne l'être au corps et s'unit directement à lui.

19- Enfin, dans le dix-neuvième argument, il est établi que le corps humain partage des caractéristiques avec le corps céleste en termes d'équilibre des qualités, bien qu'il n'existe aucune entité intermédiaire entre l'âme et le corps.

10. QUESTION 10 : Si l'âme existe dans tout le corps et dans chacune de ses parties

> Saint Thomas expose dix-huit arguments de différents auteurs, selon lesquels il semble que l'âme ne soit pas présente dans tout le corps et dans chacune de ses parties

1- L'âme agit comme perfection du corps, mais uniquement du corps "organique" (structuré pour la vie), car, selon Aristote, l'âme est l'acte du corps physique ayant la vie en puissance. Comme toutes les parties du corps ne sont pas "organiques", il semble que l'âme ne puisse être dans chaque partie.[6]

2- La forme de l'âme est simple, mais le corps, avec ses parties diverses, est multiple et varié. Étant donné que la forme doit correspondre à la matière, une essence simple ne pourrait correspondre à une matière aussi diverse que le corps. Ainsi, il semble que l'âme ne soit pas présente dans toutes les parties.

3- Si l'âme est entièrement dans chaque partie du corps, alors il n'y aurait "rien" de l'âme en dehors de cette partie. Cela implique qu'elle ne pourrait pas être simultanément dans toutes les parties.

4- Aristote compare l'âme à un système politique bien ordonné. De même que dans une cité, il n'est pas nécessaire que le dirigeant soit dans chaque partie, dans le corps, l'âme se trouve dans un principe central, et chaque partie remplit sa fonction sans que l'âme soit présente dans chacune.

5- Aristote, dans la *Physique*, affirme que le "moteur" des cieux doit se situer sur la circonférence et non au centre, car le mouvement est plus rapide à mesure que l'on s'éloigne du centre. Appliquant cette idée au corps, on affirme que l'âme doit résider dans le cœur, car c'est la partie du corps où le mouvement est le plus évident. Par conséquent, l'âme se localise dans le cœur de l'animal.

6- Aristote mentionne que les plantes ont un principe vital situé entre le supérieur et l'inférieur. Par analogie, l'âme devrait être dans un emplacement central du corps, comme le cœur, plutôt que dans chaque partie.

7- Lorsqu'une forme est dans un tout et dans chacune de ses parties, comme le feu dans le cas de l'élément, chaque partie prend aussi la dénomination de la forme (par exemple, chaque partie de feu est feu). Mais on ne peut pas dire que chaque partie du corps est "animal". Ainsi, l'âme ne semble pas être partout dans le corps.

8- La faculté de comprendre appartient à l'âme, mais l'entendement ne se trouve dans aucune partie spécifique du corps. Par conséquent, il semble que l'âme ne soit pas entièrement dans chaque partie.

9- Aristote établit une correspondance entre l'âme et le corps, suggérant qu'une partie de l'âme devrait correspondre à une partie du corps. Par conséquent, si l'âme est dans le corps entier, elle ne se trouve pas tout entière dans chaque partie.

10- Quelqu'un pourrait objecter qu'Aristote parle des parties de l'âme en tant que motrices, et non en tant que forme. Cependant, Aristote lui-même affirme que si l'œil était un animal, la vue serait son âme. Par conséquent, une partie de l'âme devrait résider dans le corps, non seulement comme moteur, mais comme forme.

11- L'âme est le principe de vie dans le corps. Si elle était dans toutes les parties, chaque partie recevrait la vie directement de l'âme et ne dépendrait pas des autres, mais nous savons que les parties du corps dépendent du cœur pour vivre.

12- Le mouvement du corps est attribué accidentellement à l'âme, et le corps peut se mouvoir et se reposer dans différentes parties. Si l'âme était dans chaque partie du corps, elle se mouvoirait et se reposerait simultanément, ce qui est impossible.

13- Les puissances de l'âme sont enracinées dans son essence, et si cette essence était dans chaque partie du corps, alors toutes les puissances seraient dans chaque partie, ce qui n'est pas vrai, car, par exemple, l'audition se trouve uniquement dans l'oreille.

14- Tout ce qui est dans quelque chose y est selon le mode de ce qui le contient. Si l'âme est dans le corps, elle devrait y être selon le mode de celui-ci, qui ne permet pas qu'une partie soit dans l'autre ; ainsi, l'âme ne pourrait être dans chaque partie du corps.

15- Certains animaux segmentés, comme les vers, peuvent vivre lorsqu'on les coupe en morceaux, car l'âme persiste dans chaque section. Cependant, les humains et les animaux supérieurs ne survivent pas lorsqu'ils sont divisés, ce qui indique que l'âme n'est pas dans chaque partie de leur corps.

16- De même que la forme d'une maison ne réside pas dans chaque brique, mais dans le tout, l'âme, comme forme du corps, devrait résider dans le tout et non dans chaque partie.

17- L'âme confère l'existence au corps par son essence simple. Et comme de l'un ne peut procéder qu'un, si l'âme est dans chaque partie, elle conférerait une existence uniforme à toutes les parties, ce qui ne semble pas être le cas.

18- L'union entre forme et matière est plus intime que celle d'un objet avec le lieu qu'il occupe. Mais, de même qu'un être spirituel ne peut être dans plusieurs lieux à la fois, l'âme ne devrait pas être dans différentes parties du corps simultanément.

> Ensuite, Saint Thomas expose les arguments d'autorité selon lesquels l'âme est présente dans tout le corps et dans chacune de ses parties

Saint Augustin, dans son ouvrage *De Trinitate*, soutient que l'âme est totalement dans tout le corps et aussi dans chacune de ses parties. Cela implique que l'essence de l'âme est présente dans son intégralité dans chaque partie du corps, contredisant l'idée selon laquelle l'âme ne pourrait pas être dans toutes les parties.

L'âme ne confère l'existence au corps que dans la mesure où elle s'y unit. Puisque l'âme donne l'être au corps dans sa totalité ainsi qu'à chacune de ses parties, on en déduit que l'âme doit être présente aussi bien dans le corps entier que dans chacune de ses parties.

L'âme ne peut réaliser des actions que dans les endroits où elle est présente. Puisque les opérations de l'âme se manifestent dans chaque partie du corps (comme dans le mouvement des membres ou la perception des sens), on conclut que l'âme doit être présente dans chacune de ces parties du corps.

À la suite, Saint Thomas offre sa propre réponse à la Question posée

Le texte examine la relation entre l'âme et le corps d'un point de vue philosophique, soulignant que l'âme, en tant que forme du corps, ne s'unit pas à lui par l'une de ses parties, mais est présente dans sa totalité et dans chacune de ses parties. Cette relation implique que l'âme confère l'être et la spécificité à chaque composant du corps. Il est argumenté que le corps, compris comme un "tout naturel", tire son unité d'une forme unique qui le perfectionne, par opposition aux constructions inorganiques, où l'unité résulte de la simple agrégation des parties.

De plus, il est soutenu que chaque partie du corps reçoit son être et sa forme de l'âme. Lorsque l'âme se sépare du corps, aucune de ses parties ne peut subsister de la même manière, ce qui se rapporte à une critique des idées platoniciennes qui suggèrent que les êtres sensibles tirent leur existence par participation à des formes séparées. Dans ce contexte, il est abordé la question de savoir comment attribuer la totalité à une forme, identifiant trois modes différents de concevoir cette totalité : la division quantitative, qui se réfère à la taille ou à la quantité ; la division essentielle, où la forme et la matière sont les parties constituant un composé ; et la division par puissance ou vertu, qui considère comment les opérations d'une forme peuvent différer selon les parties impliquées.[7]

Il est conclu que l'âme, étant la forme du corps, est présente de manière totale et parfaite dans chaque partie du corps en termes de son essence et de sa perfection spécifique. Cependant, une distinction est faite quant à sa puissance opérative, car l'âme n'agit pas entièrement dans chaque partie. Par exemple, des fonctions comme l'entendement et la volonté ne dépendent pas d'organes corporels spécifiques, ce qui suggère que l'âme possède une capacité qui transcende l'interaction physique avec le corps. Dans ce sens, le texte offre une vision intégrale de la relation entre l'âme et le corps, mettant en évidence la nécessité des deux pour la réalisation pleine de l'être humain.

> À la suite, Saint Thomas répond à chacun des dix-huit arguments selon lesquels il semble que l'âme ne soit pas présente dans tout le corps et dans chacune de ses parties

1-Saint Thomas explique que la matière existe pour la forme, et que la forme est orientée vers une opération particulière. Par conséquent, la matière doit être adaptée à l'opération de la forme. Tout comme la matière d'une scie doit être de fer pour sa dureté, l'âme, en raison de sa perfection, exige un corps composé de parties adaptées à ses diverses opérations. Le corps complet est considéré comme un organe, et les parties existent en fonction de l'ensemble. Ainsi, on ne peut affirmer que chaque partie du corps est un organisme en soi, mais que chaque partie a une relation avec le corps entier et les opérations de l'âme.

2-Il est précisé que, puisque la matière est pour la forme, cette forme donne l'être et l'espèce à la matière, en rapport avec son opération. Bien que le corps soit un et simple dans son essence, il présente des parties diverses qui sont perfectionnées par l'âme de différentes manières, selon leurs fonctions.

3-Saint Thomas répond que l'âme est dans une partie du corps d'une manière particulière, mais cela n'implique pas qu'il n'y ait rien de l'âme hors de cette partie. Ce qui est affirmé, c'est que l'âme n'est pas en dehors du corps dans son ensemble, car l'âme perfectionne tout le corps.

4-Aristote mentionne l'âme en relation avec sa capacité motrice, et le principe du mouvement se trouve dans une partie spécifique du corps, c'est-à-dire dans le cœur. À travers cette partie, l'âme meut le corps entier.

5-Saint Thomas précise que le moteur du ciel n'est pas limité par sa localisation en son essence. Aristote cherche à indiquer où il se trouve en relation avec le principe de mouvement. Ainsi, en ce qui concerne la cause du mouvement, l'âme se trouve dans le cœur.

6-Il est argumenté que, chez les plantes, l'âme est dite être au milieu de ce qui est orienté vers le haut et vers le bas, agissant comme le principe de certaines opérations. Cette affirmation est similaire chez les animaux.

7-Il est distingué que chaque partie d'un animal n'est pas un animal complet, contrairement au feu, où chaque partie conserve toutes les opérations du feu. Chez les animaux, particulièrement les plus parfaits, toutes les opérations ne sont pas réalisées dans chaque partie.

8-Saint Thomas confirme que la raison présentée montre que l'âme n'est pas présente dans chaque partie du corps en termes de sa capacité complète, ce qui est correct.

9-Les parties de l'âme sont comprises en fonction de leur puissance, non de leur essence. Ainsi, tout comme l'âme est dans le corps entier, une partie de l'âme est dans une partie du corps, chaque organe correspondant à une opération déterminée.

10-Saint Thomas indique que la puissance de l'âme est ancrée dans son essence. Par conséquent, où il y a puissance de l'âme, il y a son essence. L'affirmation d'Aristote sur l'œil est comprise dans le contexte de la puissance de l'âme, non séparée de son essence.

11-Lorsque l'âme opère dans d'autres parties du corps par une unique puissance, le corps doit être disposé pour être proportionné à l'être de l'âme à travers son action. Cela signifie que la disposition des autres parties dépend d'une partie principale, le cœur, d'où émane la vie du reste du corps.

12-L'âme ne se meut ni ne repose, indépendamment du mouvement ou du repos du corps, sauf par accident. Cela n'est pas problématique, car quelque chose peut se mouvoir et se reposer simultanément par accident, comme un objet se déplaçant dans un navire.

13-Bien que toutes les puissances de l'âme aient leur racine dans son essence, chaque partie du corps reçoit l'âme selon son propre mode. Par conséquent, l'âme se présente de manière diverse dans les différentes parties du corps, sans nécessité d'être présente dans chaque partie avec toutes ses puissances.

14-Lorsqu'on dit que quelque chose est en un autre selon le mode de sa capacité, cela ne se réfère pas à la nature de ce qui est, mais à la capacité de recevoir. Ainsi, l'eau n'a pas la nature du vase dans lequel elle est, de même que l'âme n'a pas besoin d'avoir la nature du corps dans lequel elle réside.

15-Il est précisé que les animaux annelés peuvent vivre même si une partie leur est coupée, non seulement parce que l'âme est dans chaque partie du corps, mais parce que leur âme est imparfaite et a peu de fonctions, nécessitant moins de diversité dans les parties, ce qui permet à l'âme de rester dans une partie coupée. Cela est différent chez les animaux plus parfaits.

16-Il est souligné que la forme d'une maison est accidentelle, ne donnant pas l'être et l'espèce à chaque partie comme le fait l'âme, qui est une forme substantielle du corps, conférant l'être et l'espèce au tout et aux parties.

17-Saint Thomas précise que, bien que l'âme soit unique et simple dans son essence, elle a la capacité de réaliser diverses opérations. Cette diversité dans les parties du corps répond aux diverses fonctions que doit accomplir l'âme.

18-Enfin, il est distingué que la simplicité de l'âme et de l'ange ne doit pas être considérée comme la simplicité d'un point dans un continu, car le simple ne peut occuper plusieurs lieux dans le continu simultanément. L'ange et l'âme sont considérés comme simples en ce qu'ils manquent de quantité, et leur relation avec le continu est par le contact de leurs puissances, permettant à l'âme d'être présente dans chaque partie de son être parfait.

11. QUESTION 11 : Si l'âme rationnelle, sensitive et végétative chez l'homme sont substantiellement une et la même

> Saint Thomas expose vingt arguments de différents auteurs, selon lesquels il semble que chez l'homme l'âme ne soit pas une et substantiellement la même

1- L'acte de l'âme détermine l'existence de l'âme elle-même. Dans l'embryon, l'activité de l'âme végétative précède celle de l'âme sensitive, et cette dernière précède celle de l'âme rationnelle. Cela suggère que, en termes de substance, l'âme végétative est antérieure et différente de l'âme sensitive, et cette dernière est distincte de l'âme rationnelle.

2- On pourrait argumenter que les activités de l'âme végétative et sensitive dans l'embryon proviennent d'une force extérieure, celle de l'âme des parents. Cependant, cela est rejeté car un agent fini (comme un parent) ne peut influencer quelque chose à une distance indéfinie ; les mouvements et opérations observés dans l'embryon doivent provenir d'un principe interne, non de la force des parents.

3- Aristote affirme que l'embryon est d'abord un animal avant d'être considéré comme humain. Comme un animal est défini par la possession d'une âme sensitive, cela implique que l'âme sensitive est présente dans l'embryon avant l'arrivée de l'âme rationnelle.

4- Vivre et sentir sont des fonctions qui requièrent un principe interne (l'âme). Puisque l'embryon a de la vie et des sensations avant de posséder une âme rationnelle, ces activités ne peuvent pas être attribuées à une âme extérieure (celle des parents), mais à une âme déjà présente dans l'embryon.

5- Aristote enseigne que l'âme est la cause du corps vivant non seulement comme forme, mais aussi comme cause efficiente et finale. Si cela est vrai, alors l'âme doit être présente dans le corps en formation avant l'infusion de l'âme rationnelle. Par conséquent, il doit y avoir une âme dans l'embryon avant l'infusion de l'âme rationnelle.

6- La formation du corps doit être attribuée à l'âme qui est dans l'embryon, non à celle du père. Puisqu'un corps vivant se meut de lui-même et que sa génération est un type de mouvement, le principe qui le forme doit être l'âme qui est à l'intérieur de l'embryon.

7- L'embryon croît, ce qui est un type de mouvement. Comme les êtres vivants se déplacent d'eux-mêmes, cela implique qu'il doit y avoir un principe interne (l'âme) responsable de cette croissance et qu'il ne provient pas d'une influence extérieure.

8- Aristote remarque que dans l'embryon, il y a une âme qui est d'abord nutritive, puis sensitive. Cela implique qu'il y a déjà une forme d'âme présente, ce qui renforce l'idée que l'embryon possède un principe interne.

9- On pourrait soutenir qu'Aristote se réfère au fait que l'âme dans l'embryon est en puissance, non en acte. Cependant, seules les entités en acte peuvent agir. Puisque l'embryon montre des actions de l'âme, il doit y avoir une âme présente en acte.

10- Il ne peut pas y avoir de contradiction entre ce qui provient de sources externes et internes. Si l'âme rationnelle est considérée comme extérieure à l'homme, tandis que les âmes végétative et sensitive sont internes (provenant du sperme), alors elles ne peuvent pas être la même substance.

11- Il n'est pas possible que ce qui est substantiel dans un être soit seulement un accident dans un autre. Si l'âme sensitive est substantielle chez les animaux bruts, elle ne peut être seulement potentielle chez les humains, car les puissances sont des propriétés accidentelles de l'âme.

12- Puisque l'être humain est un animal plus noble que les animaux bruts, et qu'il est défini comme tel par la possession d'une âme sensitive, il est logique de conclure que l'âme sensitive chez l'homme est une substance en soi, non seulement un principe potentiel.

13- Il ne peut y avoir d'identité substantielle entre le corruptible et l'incorruptible. Tandis que l'âme rationnelle est incorruptible, les âmes sensitive et végétative sont corruptibles, ce qui indique qu'elles ne peuvent pas être la même substance.

14- On pourrait affirmer que l'âme sensitive de l'homme est incorruptible. Cependant, cela impliquerait qu'elle serait d'une nature différente de celle de l'âme sensitive chez d'autres animaux. Par conséquent, si elles sont de genres différents, elles ne peuvent pas appartenir à la même espèce.

15- Il n'est pas possible que ce qui est rationnel et ce qui est irrationnel soient la même substance, car cela serait contradictoire. Puisque les âmes sensitive et végétative sont irrationnelles, elles ne peuvent pas être la même chose que l'âme rationnelle.

16- Le corps est en relation avec l'âme. Cependant, il existe diverses fonctions dans le corps qui nécessitent différents principes d'opération. Cela suggère qu'il ne peut y avoir qu'une seule âme dans l'être humain.

17- Les puissances de l'âme émanent de son essence. Cependant, d'une seule essence ne peuvent pas dériver différentes puissances ; si l'homme a une seule âme, il ne pourrait pas exister de puissances associées à des organes et d'autres non associées.

18- La définition d'une espèce repose sur la matière et la forme. Le genre de l'homme est "animal" et sa différence est "rationnelle". Si l'homme se définit par l'âme sensitive, alors l'âme sensitive doit être comparée à la rationnelle comme la matière se compare à la forme, ce qui implique qu'elles ne sont pas la même substance.

19- Tant l'homme que le cheval appartiennent au genre "animal", défini par l'âme sensitive. Cependant, si l'âme sensitive chez les chevaux n'est pas rationnelle, elle ne l'est pas non plus chez l'homme.

20- Si les âmes rationnelle, sensitive et végétative sont identiques en substance, alors là où il y en a une, il doit y en avoir toutes. Cependant, cela est faux ; par exemple, dans les os, il n'y a qu'un principe nutritif (végétatif), pas sensitif, ce qui prouve qu'elles ne sont pas identiques en substance.

> Ensuite, Saint Thomas expose un argument d'autorité selon lequel chez l'homme, l'âme est une et la même substance rationnelle, sensitive et végétative

Cet argument contre se base sur une affirmation du prêtre Genadio (de la deuxième moitié du Ve siècle) dans son ouvrage *De ecclesiasticis dogmatibus*, selon laquelle on ne peut pas avoir deux âmes dans un seul être humain, comme certains (mentionnant Iacobus et d'autres Syriens) l'ont suggéré. Plutôt que d'accepter cette idée de deux âmes — l'une animant le corps et l'autre étant liée à la raison —, l'argument soutient qu'il n'y a qu'une seule âme dans l'être humain.

L'explication de l'argument est la suivante :

1- Unité de l'âme. Il est soutenu qu'un être humain ne peut avoir qu'une seule âme. L'affirmation centrale est qu'il existe une seule âme qui vivifie le corps et, en même temps, dispose et organise ses fonctions à travers la raison.

2- Fonctions de l'âme. Cet argument met l'accent sur le fait que l'âme n'est pas seulement responsable de donner vie au corps, mais qu'elle agit aussi comme le principe qui ordonne et dirige les capacités rationnelles de l'être humain. En d'autres termes, on soutient que l'âme humaine a une double fonction : d'un côté, elle agit comme force vitale, et de l'autre, elle s'occupe des capacités intellectuelles et rationnelles.

3- Réfutation de la pluralité. En affirmant qu'il n'y a qu'une seule âme, l'argument réfute l'idée qu'il pourrait y avoir deux âmes dans un seul corps humain (une qui animerait et une autre qui raisonnerait). En insistant sur l'unité de l'âme, il est suggéré que toutes les capacités et fonctions de l'être humain (végétatives, sensitives et rationnelles) proviennent de cette âme unique.

4- Implications philosophiques. L'implication la plus profonde de cet argument est que la distinction entre les âmes végétative, sensitive et rationnelle ne signifie pas qu'il existe plusieurs âmes ; au contraire, cela signifie qu'une seule âme peut manifester différentes puissances et fonctions dans différents contextes.

> Ensuite, Saint Thomas offre sa propre réponse à la Question posée

Saint Thomas d'Aquin reconnaît qu'il existe différentes positions sur la nature de l'âme, tant parmi les penseurs contemporains que parmi les philosophes anciens. Il mentionne Platon, qui proposait qu'il y ait diverses âmes dans le corps humain. Selon Platon, l'âme s'unit au corps comme un moteur qui le fait bouger, non comme une forme qui le définit. Il compare la relation entre l'âme et le corps à celle d'un marin et d'un navire, où différents moteurs (âmes) sont nécessaires pour diverses actions, mais cela ne contredit pas l'unité du navire.

Bien que Platon semble permettre l'existence de plusieurs âmes dans un seul corps, Saint Thomas soutient que cela implique que l'être humain ne serait pas une unité simple, ce qui contredit la notion selon laquelle un individu est une entité unique. Si l'âme n'agit que comme moteur, alors l'union entre l'âme et le corps ne serait pas essentielle et, par conséquent, il n'y aurait pas de véritable génération ou corruption lorsqu'un corps acquiert ou perd une âme. Saint Thomas conclut que l'âme doit s'unir au corps non seulement comme moteur, mais aussi comme forme, ce qui signifie que l'âme est essentielle à la nature de l'être humain.

Même en acceptant que l'âme soit une forme, les partisans de Platon maintiendraient qu'il peut y avoir plusieurs âmes dans un être humain et un animal, car ils postulent que les universaux (comme l'idée de "l'animal") sont des formes séparées. Cette idée suggère qu'il y a une forme (âme) pour chaque type d'être. Par exemple, Socrate serait un animal par une forme et un homme par une autre, ce qui conduirait à ce que les âmes sensibles et rationnelles soient substantiellement différentes.

Saint Thomas réfute cela en affirmant qu'il ne peut pas exister une unité à partir de multiples formes substantielles. Si quelque chose est défini par différentes formes, cela conduit à des affirmations sur sa nature qui sont purement accidentelles, ce qui nie la véritable identité de l'être. Si l'on dit que quelque chose est "homme" et "animal" sous différentes formes, cela implique qu'une forme prédit de l'autre de manière accidentelle. Cela crée de la confusion sur la véritable nature de ce qui est décrit.

Pour qu'un être soit considéré comme une unité, il doit y avoir un principe qui unisse les différentes formes ; sinon, il deviendrait une simple collection, comme un tas d'objets qui sont plusieurs en un, mais ne sont pas un seul être. L'argument soutient que si l'âme sensitive d'un individu le définit comme "animal", alors elle doit être une forme substantielle. Cela implique que cette âme doit donner une véritable existence à son corps, non seulement dans un sens relatif.

Si l'âme rationnelle était différente en essence, elle ne pourrait pas accorder l'existence ou l'être au corps, mais lui donnerait seulement une existence relative, ce qui en ferait une forme accidentelle et non substantielle. Saint Thomas conclut qu'il ne doit y avoir qu'une seule âme substantielle dans l'être humain, et qu'elle soit rationnelle, sensitive et végétative. La raison en est que la forme rationnelle intègre et perfectionne les autres formes, donnant à la matière ce qu'elle doit pour être un être complet.

Enfin, il souligne que lorsqu'une puissance de l'âme s'intensifie, elle peut interférer avec l'opération d'une autre, ce qui suggère que toutes les puissances doivent être enracinées dans une essence unique de l'âme, confirmant ainsi l'unité de l'âme dans l'être humain.

L'AME HUMAINE

> Ensuite, Saint Thomas répond à chacun des vingt arguments selon lesquels il semble que dans l'homme, l'âme ne soit pas une et la même substance rationnelle, sensitive et végétative

1- Saint Thomas aborde l'idée que, avant l'existence de l'âme rationnelle dans l'embryon, ce dernier n'a qu'une "vertu formative" provenant de l'âme du père. Il précise que, bien que cette "vertu" puisse être responsable de certaines opérations dans l'embryon, elle n'explique pas toutes ses fonctions. En réalité, l'embryon présente non seulement une formation corporelle, mais aussi des capacités telles que la croissance et la perception, qui sont propres à l'âme. Il propose que cette "vertu" puisse être considérée comme une partie de l'âme en développement, mais ne peut pas être vue comme une âme complète, car l'embryon n'est pas un être humain complet. Par conséquent, il est soutenu que l'embryon doit passer par un développement comprenant plusieurs étapes de génération, chacune avec une forme qui se perfectionne, d'une âme végétative à une âme rationnelle.

2- Dans cette objection, on discute de la nature de la "vertu" dans le sperme du père, qui agit de manière intrinsèque et non extrinsèque. Saint Thomas soutient qu'à la différence d'une force externe qui ne peut affecter que dans certaines limites, la "vertu" du sperme peut générer la vie indépendamment de la distance. Il souligne que, bien qu'il ait été argumenté que la mère n'est pas le principe actif, l'influence du sperme est ce qui permet le développement de l'embryon.

3- La "vertu" présente dans le sperme est comparée à l'essence de l'âme, permettant ainsi que l'embryon soit considéré comme un animal. Cela montre que, bien que l'embryon soit à un stade de développement, il a la capacité d'être reconnu comme un être vivant.

4 à 8- Saint Thomas indique que les réponses aux objections 4 à 8 sont similaires et reposent sur la même logique : on reconnaît que l'âme de l'embryon, bien qu'imparfaite, agit en lui de manière à ce que l'on puisse observer le développement des fonctions de base.

9- Ici, il est affirmé que, bien que l'âme soit présente dans l'embryon, elle le fait de manière imparfaite, ce qui se reflète également dans ses opérations. Cela signifie que les capacités de l'embryon sont limitées par rapport à un être humain développé.

10- La nature de l'âme chez l'homme, qui englobe à la fois la végétative, la sensitive et la rationnelle, est d'origine externe. Cela contraste avec les animaux, dont l'âme sensitive est intrinsèque et définie en fonction de leur nature.

11- Il est précisé que l'âme sensitive chez l'homme n'est pas un accident, mais une substance, puisqu'elle partage la même essence que l'âme rationnelle. Cependant, les capacités sensitives sont accidentelles, ce qui signifie qu'elles peuvent varier ou ne pas être essentielles à l'identité de l'être.

12- Il est soutenu que l'âme sensitive chez l'homme possède une dignité supérieure par rapport aux animaux, car chez l'homme, la sensibilité est accompagnée de rationalité, ce qui n'est pas le cas chez les autres êtres vivants.

13- Saint Thomas soutient que l'âme sensitive chez l'homme est incorruptible, car sa substance est celle de l'âme rationnelle. Bien que certains puissent penser que les capacités sensitives sont corruptibles, l'essence de l'âme demeure.

14- En comparant l'âme sensitive des humains et celle des animaux, elles ne sont pas du même type en termes de genre ou d'espèce, à moins qu'il ne s'agisse d'une comparaison logique dans un sens abstrait. Les âmes sensitives sont composées et, par conséquent, corruptibles.

15- Il est distingué que l'âme sensitive chez l'homme n'est pas irrationnelle, mais qu'elle est simultanément sensitive et rationnelle. Bien que certaines de ses capacités puissent paraître irrationnelles, elles sont au service de la raison.

16- Bien qu'il existe de nombreux organes dans le corps qui accomplissent diverses fonctions de l'âme, tous dépendent du cœur comme organe principal, ce qui renforce l'idée d'une unité dans l'essence de l'âme.

17- Les puissances qui émanent de l'âme humaine se manifestent à travers les organes, mais il existe aussi des capacités qui vont au-delà du corporel, indiquant la dualité de la nature de l'âme.

18- Il est soutenu qu'une seule forme peut donner différents degrés de perfection à la matière. À mesure que le corps se développe, il reste matériel jusqu'à atteindre la perfection dans l'être sensible, montrant que l'essence de l'animal provient de la matière, tandis que la rationalité provient de la forme.

19- Il est précisé que, dans la classification des êtres, l'animal en tant que tel n'est ni rationnel ni irrationnel, mais l'être humain (animal rationnel) est différent des animaux irrationnels.

20- Bien que les opérations de l'âme sensitive et végétative soient différentes, il n'est pas nécessaire qu'elles se manifestent simultanément. Les différentes fonctions peuvent s'exprimer à travers différentes parties du corps, comme la vue à travers les yeux ou l'ouïe à travers les oreilles.

12. QUESTION 12 : Si l'âme est ses puissances

> Saint Thomas présente dix-sept arguments d'auteurs différents, selon lesquels il semble que l'âme soit ses puissances

1- Le premier argument, tiré du livre *De spiritu et anima* (voir Note 5), établit que les puissances de l'âme sont identiques à elle-même, car les vertus de l'âme (comme la prudence et la justice) ne sont pas accidentelles, mais considérées comme des parties essentielles de son être. Cela implique que l'âme est ses puissances.

2- Dans le deuxième argument, il est indiqué que l'âme reçoit différents noms selon ses fonctions (végétative, sensitive, rationnelle, etc.), mais qu'il n'y a pas de changement dans son essence. Cela renforce l'idée que, malgré ses différentes actions, l'âme est la même dans toutes ses puissances.

3- Le troisième argument affirme que les trois capacités (mémoire, intelligence et volonté) sont l'âme elle-même, et cette notion est étendue aux autres puissances. Cela implique que l'âme ne peut être séparée de ses puissances, car elles sont constitutives de son être.

4- Dans le quatrième argument, Saint Augustin est cité, qui soutient que mémoire, intelligence et volonté sont une seule essence de l'âme. Cela implique que les puissances ne sont pas accidentelles, mais qu'elles sont fondamentales pour la nature de l'âme.

5- Le cinquième argument soutient que, puisque les puissances peuvent agir non seulement sur l'âme, mais aussi sur d'autres objets, elles ne peuvent pas être considérées comme de simples accidents. Par conséquent, elles doivent être vues comme des parties essentielles de l'âme.

6- Le sixième argument relie l'image de la Trinité aux puissances de l'âme, suggérant que celles-ci sont intrinsèques à la nature de l'âme. Cela implique que les puissances sont essentielles pour comprendre l'essence de l'âme.

7- Dans le septième argument, il est affirmé que les puissances de l'âme sont nécessaires et intrinsèques, car elles ne peuvent pas être absentes. Cela renforce l'idée qu'elles font partie intégrante de l'âme, et ne sont pas de simples accidents.

8- Le huitième argument établit que les puissances de l'âme sont des principes de différences substantielles. Cela implique qu'elles ne sont pas de simples accidents, mais qu'elles sont fondamentales pour définir la nature de l'âme et sa relation avec le corps.

9- Dans le neuvième argument, il est soutenu que la forme substantielle, qui est l'âme, agit à travers ses puissances. Cela implique que les puissances ne sont pas différentes de l'âme elle-même, mais qu'elles sont sa manière d'agir et d'exister.

10- Le dixième argument dit que le principe d'être et d'agir est le même dans l'âme, suggérant que son essence est le fondement de ses puissances. Cela implique que l'âme est sa puissance, car celle-ci est le principe de ses actions.

11- Dans le onzième argument, il est mentionné que l'âme est à la fois intellect possible et agent, et que son existence en puissance et en acte se réfère à la même réalité de l'âme. Cela renforce l'idée que l'âme est indissociable de ses puissances.

12- Le douzième argument compare l'âme à la matière première, indiquant que, tout comme cette dernière est potentielle pour les formes, l'âme est potentielle pour les réalités intellectuelles. Cela implique que l'âme est ses puissances, puisqu'elles sont ce qui lui permet de réaliser sa nature.

13- Dans le treizième argument, il est affirmé que l'être humain est intellect dans le cadre de son âme rationnelle, ce qui implique que l'âme et sa puissance de comprendre sont une et la même chose.

14- Le quatorzième argument soutient que l'âme est l'acte premier de ses opérations, suggérant qu'elle agit à travers ses puissances. Cela implique que l'âme ne peut être séparée de ses puissances, car elles sont les formes à travers lesquelles elle agit.

15- Le quinzième argument établit que les puissances sont des parties consubstantielles de l'âme. Cela implique qu'elles sont essentielles à la constitution de l'âme et non de simples accidents.

16- Le seizième argument indique que la forme simple, comme l'âme, ne peut être sujette à des accidents. Cela implique que les puissances de l'âme sont intrinsèques et non accidentelles.

17- Dans le dix-septième argument, il est suggéré que si les puissances étaient des accidents de l'âme, elles devraient dériver de son essence. Cependant, étant donné que l'âme est simple, elle ne peut pas être la cause de la diversité observée dans ses puissances. Cela renforce la conclusion que l'âme est en elle-même ses puissances.

> Ensuite, Saint Thomas présente deux arguments d'autorité selon lesquels l'âme n'est pas ses puissances

1- Une relation d'analogie est établie entre l'essence et l'être, et entre le pouvoir *(potentia)* et l'action. Il est argumenté que, tout comme l'être et l'agir sont interdépendants dans leur relation, il en va de même pour la puissance et l'essence. La conclusion qui en découle est que, si dans Dieu l'essence et l'être sont identiques, alors l'essence et la puissance doivent aussi être identiques en Dieu. Par conséquent, il est conclu que l'âme n'est pas sa puissance, car l'identification de la puissance et de l'essence ne se trouve qu'en Dieu.

2- Il est affirmé qu'aucune qualité n'est substance, et il est noté que la puissance naturelle est un type de qualité. Cela repose sur la classification des qualités dans les prédicaments aristotéliciens. Étant donné que les puissances naturelles sont des qualités et non des substances, il est conclu que les puissances de l'âme ne sont pas son essence, car elles ne peuvent pas être considérées comme partie constitutive de son être. Cela renforce l'idée que l'âme ne s'identifie pas à ses puissances, mais qu'elles sont distinctes de son essence.

> Ensuite, Saint Thomas offre sa propre réponse à la Question posée

Saint Thomas commence en signalant qu'il existe diverses opinions sur la question de savoir si l'âme est sa propre puissance. Certains soutiennent que l'âme est effectivement sa puissance, tandis que d'autres affirment que les puissances de l'âme ne sont que des propriétés de celle-ci. Cette introduction établit qu'il existe un débat sur la relation entre l'âme et ses puissances.

Ensuite, il définit ce qu'est la puissance, affirmant qu'elle n'est qu'un principe d'opération, soit d'action, soit de passion. Ici, Saint Thomas distingue entre le principe qui agit et celui qui reçoit l'action, soulignant que la puissance n'est pas le sujet qui réalise l'action, mais le principe par lequel l'action se réalise. Il utilise des exemples tels que "l'artisanat constructif" chez le constructeur et "la chaleur" dans le feu pour illustrer comment la puissance se manifeste dans l'action.

Ensuite, il aborde la perspective de ceux qui affirment que l'âme est sa puissance, expliquant qu'on considère que l'essence de l'âme est le principe immédiat de toutes ses opérations. Par conséquent, on soutient que l'être humain agit (comprend, connaît, ressent, etc.) à travers son essence. Chaque type d'action est désigné selon l'opération qu'il effectue, comme le sens en relation avec le ressenti et l'intellect en relation avec la compréhension.

Cependant, Saint Thomas réfute cette opinion, soulignant que tout ce qui agit le fait selon sa réalité actuelle. C'est-à-dire qu'un agent agit selon ce qu'il est en ce moment. Il prend l'exemple du feu, qui chauffe non pas en vertu de sa lumière, mais de sa chaleur. Cela implique que le principe de l'action doit correspondre à la nature de l'agent, de sorte que, en agissant, celui-ci doit être en conformité avec son essence.

Il explique que, puisque ce qui agit ne se rapporte pas à l'essence substantielle de la chose, il ne peut être que le principe de l'action ne soit pas une partie de l'essence de celle-ci. Cela devient évident chez les agents naturels, qui opèrent par la transformation de la matière en une forme, ce qui implique que l'action se produit à travers un principe accidentel qui correspond à la disposition de la matière.

Saint Thomas continue en précisant que la forme accidentelle agit en vertu de la forme substantielle, comme un instrument, car autrement, elle ne pourrait induire une forme substantielle. Dans la nature, on n'observe pas de principes d'action sans des qualités actives et passives qui agissent à travers des formes substantielles, suggérant que les actions ne sont pas seulement dirigées vers des dispositions accidentelles, mais aussi vers des formes substantielles.

Ensuite, il mentionne que si un agent existait qui pourrait produire quelque chose de manière substantielle de façon directe (comme Dieu, qui crée des substances), un tel agent agirait par sa propre essence, et dans ce cas, il n'y aurait pas de distinction entre la puissance active et l'essence. À propos de la puissance passive, il précise que la puissance passive qui se dirige vers un acte substantiel appartient au genre de la substance, tandis que celle qui se dirige vers un acte accidentel appartient au genre de l'accident de manière réduite. Cela implique qu'il existe des distinctions sur la façon dont la puissance est classée selon sa relation avec l'acte correspondant.

Il soutient ensuite que les puissances de l'âme, qu'elles soient actives ou passives, ne se considèrent pas en relation directe avec quelque chose de substantiel, mais avec quelque chose d'accidentel. Cela conduit à conclure que l'acte de comprendre ou de ressentir n'est pas un être substantiel, mais qu'il est accidentel, ce qui relie les fonctions de l'intellect et des sens.

Bien que les puissances générative et nutritive soient orientées vers la production ou la conservation de la substance, cela se fait par la transformation de la matière. Ainsi, leur action, comme celle d'autres agents naturels, a lieu à travers un principe accidentel, montrant que les puissances de l'âme opèrent en médiant des principes accidentels.

Saint Thomas réaffirme que l'essence de l'âme n'est pas le principe immédiat de ses opérations. Au lieu de cela, l'âme agit à travers des principes accidentels, ce qui implique que les puissances de l'âme ne sont pas son essence, mais des propriétés de celle-ci.

Enfin, il conclut que la diversité des actions de l'âme, qui sont de différents types et ne peuvent pas être réduites à un seul principe immédiat, soutient son argument. Étant donné que certaines actions sont actives et d'autres passives, elles doivent être attribuées à différents principes. Par conséquent, bien que l'essence de l'âme soit un principe, elle ne peut être le principe immédiat de toutes ses actions ; il est nécessaire que l'âme possède plusieurs puissances qui correspondent à la diversité de ses actions.

> Ensuite, Saint Thomas répond à chacun des dix-sept arguments exposés au départ, qui considéraient que l'âme est ses puissances

1- Saint Thomas précise que le livre mentionné, *De spiritu et anima,* n'est pas de Saint Augustin, mais est attribué à un auteur cistercien. Il souligne également qu'il n'est pas pertinent de trop se soucier de ce qui est dit dans ce livre. Si l'on accepte l'idée que l'âme est sa propre puissance, on peut argumenter que les puissances de l'âme sont des propriétés naturelles. Saint Thomas utilise la comparaison selon laquelle, tout comme la chaleur, la lumière et la légèreté sont des aspects du feu, les puissances de l'âme sont diverses, mais proviennent d'une seule âme.

2- De la même manière, il répond aux deuxième, troisième et quatrième arguments.

5- Il est précisé qu'un accident ne surpasse pas le sujet dans son existence, mais peut le surpasser dans son action. Par exemple, la chaleur du feu peut affecter des objets extérieurs. Les puissances de l'âme peuvent la surpasser en ce qui concerne sa capacité à comprendre et à aimer non seulement soi-même, mais aussi d'autres choses. Saint Thomas réfute la comparaison faite par saint Augustin entre la connaissance et l'amour en relation avec l'esprit, arguant que cela impliquerait que l'âme ne pourrait rien connaître ni aimer en dehors d'elle-même, ce qui est erroné.

6- L'image de la Trinité dans l'âme se comprend non seulement en termes de puissances, mais aussi d'essence. Cela signifie que, bien que les puissances soient distinctes, l'essence de l'âme est unique, tout comme l'essence divine se présente en trois personnes. Si l'âme n'était que sa puissance, il n'y aurait pas de véritable distinction entre les puissances.

7- Saint Thomas classe les accidents en trois types : ceux qui dérivent de l'espèce, ceux qui dépendent de l'individu et ceux qui sont séparables ou inséparables. Les accidents ne font pas partie de l'essence d'une chose et ne peuvent pas être définis sans prendre en compte son essence. Cela signifie que l'on peut comprendre ce qu'est l'âme sans tenir compte de ses puissances, mais on ne peut pas concevoir l'âme sans elles.

8- Il est expliqué que les distinctions entre le sensible et le rationnel ne proviennent pas directement du sens ou de l'intellect, mais de la nature des âmes sensitives et intellectuelles. Cela souligne que l'âme possède des capacités qui vont au-delà de ces distinctions.

9- Saint Thomas fait référence à l'argumentation présentée précédemment qui montre pourquoi la forme substantielle n'agit pas comme un principe immédiat dans les agents inférieurs.

10- L'essence de l'âme est le principe de l'action, mais c'est un principe primaire, non immédiat. Les puissances opèrent grâce à la vertu de l'âme, de manière similaire à la façon dont les qualités des éléments agissent à travers leurs formes substantielles.

11- L'âme elle-même est potentiellement capable des formes intelligibles. Cependant, cette capacité n'est pas l'essence de l'âme, tout comme la puissance de devenir une statue ne définit pas l'essence du matériau dont elle est faite.

12- La matière première a le potentiel de recevoir la forme substantielle, ce qui signifie que son essence est liée à cette potentialité.

13- L'affirmation selon laquelle l'homme est son intellect est interprétée comme signifiant que l'intellect est ce qu'il y a de plus élevé chez l'homme. Cela ne signifie pas que l'essence de l'âme soit seulement la puissance intellectuelle.

14- La similitude entre l'âme et la connaissance est établie parce que les deux sont des actes premiers, mais cela ne signifie pas que l'âme soit le principe immédiat de toutes les opérations comme le est la connaissance.

15- Les puissances de l'âme ne sont pas des parties essentielles qui constituent l'essence de l'âme, mais ce sont des parties potentielles. La vertu de l'âme se distingue à travers ces puissances.

16- Saint Thomas explique qu'une forme simple, qui n'est pas subsistante ou qui est un acte pur, ne peut pas être le sujet d'un accident. Cependant, l'âme humaine est une forme subsistante et n'est pas un acte pur, ce qui lui permet d'être le sujet de certaines puissances, comme celles de l'intellect et de la volonté. Les puissances sensitives et nutritives résident dans le corps en tant que sujet.

17- Bien que l'âme soit unique en essence, elle contient à la fois la puissance et l'acte, ce qui lui permet de se rapporter de diverses manières aux choses. Cette capacité de se rapporter de différentes manières au corps permet qu'une seule essence de l'âme donne naissance à diverses puissances.

13. QUESTION 13 : Si les puissances de l'âme se distinguent entre elles par leurs objets

> Saint Thomas expose vingt arguments de divers auteurs, selon lesquels il semble que les puissances de l'âme ne se distinguent pas par les objets

1- Les contraires sont ce qui diffère le plus. Cependant, le fait que deux objets (comme le blanc et le noir) soient opposés n'implique pas que les puissances qui les perçoivent (dans ce cas, la vue) soient distinctes. Par conséquent, on conclut qu'il n'y a pas de distinction entre les puissances de l'âme fondée sur la diversité des objets.

2- On fait une comparaison entre les différences substantielles et accidentelles. L'homme et la pierre diffèrent substantiellement, tandis que le son et la couleur sont des différences accidentelles. Étant donné que les deux types d'objets se rapportent à la même puissance, on soutient que la diversité des objets ne cause pas une différence dans les puissances.

3- Cet argument avance que si la différence des objets était la cause de la diversité des puissances, alors l'identité d'un objet devrait entraîner l'identité de la puissance. Cependant, un même objet peut être l'objet de différentes puissances (par exemple, ce qui est compris et ce qui est désiré). Cela démontre que la différence des objets ne cause pas une diversité des puissances.

4- On établit que si des objets différents provoquaient des puissances différentes, alors une même cause devrait engendrer des effets similaires. Cependant, on constate que certains objets se rapportent à diverses puissances et peuvent également se rapporter à une même puissance (comme le son et la couleur, qui sont perçus à la fois par l'imagination et par l'intellect). Par conséquent, la différence des objets n'est pas la cause de la diversité des puissances.

5- On argumente que les habitus sont des perfections des puissances.

Étant donné que les puissances se distinguent par leurs habitus, elles ne peuvent pas se différencier selon les objets. Cela suggère que la classification doit se faire en fonction de la perfection que chaque puissance peut atteindre.

6- On affirme que les puissances de l'âme résident dans les organes corporels, qui en sont les récepteurs. Par conséquent, elles doivent se distinguer en fonction des organes et non des objets qu'elles perçoivent.

7- On soutient que les puissances de l'âme ne sont pas l'essence même de l'âme, mais des propriétés dérivées de celle-ci. Étant donné que toutes les propriétés proviennent d'une seule essence, il doit exister une unique puissance issue directement de l'essence de l'âme, dont découlent les autres puissances selon un ordre déterminé. Cela implique que les puissances se différencient par leur origine et non par leurs objets.

8- On avance que si les puissances de l'âme sont différentes, l'une doit dériver de l'autre. Cependant, toutes les puissances existent simultanément, ce qui implique qu'il ne peut y avoir de hiérarchie d'origine entre elles. Cela renforce l'idée qu'elles ne peuvent être distinguées par la diversité des objets.

9- Plus une substance est élevée, plus sa vertu (force ou capacité interne d'un être pour accomplir ses actes selon sa nature) est unifiée. Étant donné que l'âme est supérieure aux êtres inférieurs, sa vertu est plus unique et ne se multiplie pas en raison de la diversité des objets.

10- Si les puissances de l'âme se distinguaient selon les objets, on s'attendrait à un ordre des puissances correspondant à l'ordre des objets. Cependant, on observe que l'intellect (avec des objets substantiels) est postérieur au sens (avec des objets accidentels), ce qui indique que la distinction ne peut être établie simplement par la diversité des objets.

11- Tout ce qui est désirable est soit sensible, soit intelligible. Comme l'intellect et le sens sont les puissances qui recherchent leur perfection, il n'est pas nécessaire de postuler une puissance appétitive distincte des puissances sensitives et de l'intellect.

12- L'appétit se manifeste dans la volonté (intelligente) et dans les appétits irascible et concupiscible (sensitifs). Par conséquent, il n'est pas nécessaire de considérer la puissance appétitive séparément des puissances sensitives et intellectuelles.

13- On mentionne que les principes du mouvement chez les animaux sont le sens, l'imagination, l'intellect et l'appétit. Comme les puissances sont celles qui initient le mouvement, cela indique qu'il n'existe pas de puissance motrice indépendante des puissances cognitives et appétitives.

14- Les puissances de l'âme ne sont pas orientées vers quelque chose de supérieur à la nature, car les puissances attribuées à l'âme végétative sont dirigées vers des fonctions naturelles comme la conservation de l'espèce. Par conséquent, elles ne sont pas pertinentes pour classifier les puissances de l'âme.

15- Étant donné que la vertu de l'âme est plus élevée que celle de la nature, il est plus probable qu'elle opère à travers une seule vertu plutôt que par de multiples puissances, contredisant l'idée selon laquelle les puissances générative, nutritive et de croissance seraient différentes.

16- On soutient que, puisque les sens sont cognitifs des accidents et que certains accidents diffèrent plus entre eux que d'autres (comme le son et la couleur), si les puissances se distinguaient par la diversité des objets, elles devraient se distinguer encore plus par ces autres accidents.

17- On postule que chaque genre a une seule contrariété principale. Si les puissances sensitives se diversifiaient selon les différents genres de qualités possibles, il faudrait accepter que chaque contrariété implique des puissances distinctes. Cependant, cela n'est pas observé dans tous les sens, comme dans le cas du toucher.[8]

18- On argumente que la mémoire et le sens ne sont pas des puissances complètement séparées, mais que la mémoire est comprise comme une fonction particulière de la capacité sensorielle de base. Selon Aristote, bien que le sens et la mémoire se rapportent à différents types d'objets—le sens perçoit le présent et la mémoire conserve le passé—cela ne signifie pas qu'ils requièrent deux facultés complètement indépendantes.

En termes simples, Aristote suggère que la mémoire est une extension ou un usage particulier du sens : le sens capte une impression de quelque chose de présent, puis la mémoire permet de conserver cette impression dans le temps. Ainsi, bien que le sens et la mémoire traitent d'aspects temporels différents (présent contre passé), ils dépendent tous deux d'une même capacité sensitive de base. Plutôt que de voir la mémoire comme une faculté distincte, Aristote la considère comme une fonction de la même puissance sensitive qui permet déjà de percevoir.

19- Il est établi que tous les objets connus par le sens sont également connus par l'intellect, et si les puissances sensitives se différenciaient selon la pluralité des objets, alors l'intellect devrait également être différencié en diverses puissances, ce qui est faux.

20- Finalement, il est mentionné que l'intellect possible et l'intellect agent sont des puissances différentes, mais ils partagent le même objet. Cela renforce l'idée que les puissances ne se distinguent pas selon la diversité des objets.

> Ensuite, Saint Thomas expose deux arguments d'autorité, selon lesquels les puissances de l'âme se distinguent par les objets

1- Dans cet argument, il est affirmé que les puissances (ou capacités) de l'âme se distinguent par leurs actes, et que les actes, à leur tour, se distinguent selon les objets auxquels ils se réfèrent. On fait référence à une hiérarchie dans laquelle les puissances de l'âme (comme le sens, l'imagination, la raison, etc.) se définissent et se différencient en fonction des actions ou fonctions qu'elles accomplissent, et ces actions sont déterminées par les objets que ces puissances connaissent ou perçoivent.

Cela signifie que, par exemple, la puissance de la vue est activée et se distingue des autres puissances par son acte de voir, qui a pour objet les couleurs et les formes. De cette manière, la nature de chaque puissance se révèle dans la façon dont elle agit, et ces actes sont pertinents selon les objets auxquels ils sont dirigés.

2- Dans cet argument, il est soutenu que les choses susceptibles d'être perfectionnées se distinguent par les perfections qu'elles atteignent. Il est dit que les objets sont les perfections des puissances, ce qui implique que les objets vers lesquels ces puissances tendent sont, en un certain sens, ce qui les définit et les détermine.

Cela signifie que, si nous considérons, par exemple, l'objet de la connaissance (la vérité) comme une perfection de la puissance cognitive, alors les puissances se différencieraient selon les différents objets qu'elles peuvent atteindre (comme le sens, qui s'oriente vers le sensible, et l'intellect, qui s'oriente vers l'intelligible). Cependant, comme dans le premier argument, il est soutenu que, bien que les objets soient pertinents pour comprendre les actes des puissances, ils ne sont pas la cause de la diversité des puissances en elles-mêmes.

> Ensuite, Saint Thomas donne sa propre réponse à la Question posée

Saint Thomas répond à la question de savoir si les puissances de l'âme se distinguent les unes des autres selon leurs objets en affirmant que oui, en raison de la relation qui existe entre la puissance et l'acte. Il explique qu'une puissance se définit en fonction de son acte, et que cet acte, à son tour, se spécifie selon son objet. Par conséquent, la diversité des actes, et en fin de compte des puissances, dépend de la différence des objets.

Il suit une logique selon laquelle, si l'objet d'une puissance est actif, alors il agit sur la puissance de manière passive (comme les objets que nous percevons par les sens). Si l'objet est passif, la puissance agit sur lui comme une fin (par exemple, dans les puissances actives de l'âme). Cela conduit à ce que chaque acte ait sa propre spécificité selon le type d'objet avec lequel il est lié. De là, on conclut que les puissances de l'âme se distinguent selon les différents types d'objets avec lesquels elles interagissent.

Ensuite, il établit une classification en trois niveaux d'action de l'âme : la vie végétative, sensitive et intellective, et chacune a des puissances différentes selon leurs fonctions spécifiques :

1-Végétative : Correspond à la vie de base des êtres vivants, englobant des fonctions comme la génération, la croissance et la nutrition, nécessaires à l'existence et à la conservation de l'organisme.

2-Sensitive : Implique les puissances qui permettent la perception des objets par les sens et la capacité de réagir à ceux-ci. Ici, on inclut les fonctions des sens externes, comme la vue et l'ouïe, ainsi que les sens internes, comme la mémoire et l'imagination.

3-Intellective : C'est la plus élevée et elle permet à la personne de saisir les essences des choses de manière abstraite, au-delà des conditions matérielles.

Cette distinction des puissances en fonction de leurs objets est essentielle dans la théorie de Saint Thomas pour comprendre comment l'âme humaine réalise différentes opérations selon la nature de l'objet auquel elle est confrontée.

> Ensuite, Saint Thomas répond à chacun des vingt arguments selon lesquels il semble que les puissances de l'âme ne se distinguent pas par les objets

1- Étant donné que les contraires diffèrent considérablement mais appartiennent au même genre, la diversité des objets selon le genre correspond à la diversité des puissances, puisque le genre est, en un certain sens, puissance. C'est pourquoi les contraires se rapportent à la même puissance.

2- Bien que le son et la couleur soient des accidents différents, ils diffèrent en relation avec la mutation du sens ; en revanche, l'homme et la pierre non, car ils affectent le sens de la même manière. Par conséquent, l'homme et la pierre diffèrent par accident en tant qu'ils sont perçus, bien qu'ils diffèrent en eux-mêmes en tant que substances. Il n'y a pas de raison qu'une différence soit en soi par rapport à un genre et par accident par rapport à un autre ; ainsi, le blanc et le noir diffèrent en eux-mêmes dans le genre de la couleur, mais pas dans le genre des substances.

3- La même chose est comparée à différentes puissances de l'âme, non selon la même raison de l'objet, mais selon d'autres raisons distinctes.

4- Plus une puissance est élevée, plus elle s'étend ; par conséquent, elle a une raison d'objet plus générale. Ainsi, certaines choses coïncident dans la raison de l'objet d'une puissance supérieure, tout en se distinguant dans la raison de l'objet par rapport aux puissances inférieures.

5- Les habitus ne sont pas des perfections des puissances en tant qu'elles sont puissances, mais en tant qu'ils ont une certaine relation avec ce pour quoi elles sont, c'est-à-dire les objets. Par conséquent, les puissances ne se distinguent pas selon les habitus, mais selon les objets ; ainsi, les choses artificielles ne se distinguent pas selon les objets, mais selon les fins.

6- Les puissances ne sont pas dues aux organes, mais plutôt l'inverse ; ainsi, les organes se distinguent davantage selon les objets que l'inverse.

7- L'âme a une fin principale, comme le bien intelligible de l'âme humaine. Cependant, elle a d'autres fins ordonnées à cette fin ultime, comme le sensible est ordonné à l'intelligible. Et puisque l'âme se rapporte à ses objets par les puissances, il en découle que la puissance sensitive existe chez l'homme en fonction de la puissance intellective, et ainsi de suite pour les autres. Par conséquent, selon la raison de la fin, une puissance de l'âme découle d'une autre en relation avec les objets. Ainsi, distinguer les puissances de l'âme par leur origine et par les objets n'est pas contradictoire.

8- Bien qu'un accident ne puisse pas être en soi le sujet d'un autre accident, le sujet se soumet à un accident par un autre ; ainsi, le corps se rapporte à la couleur par la surface. Par conséquent, un accident découle d'un sujet par un autre, et une puissance découle de l'essence de l'âme par une autre.

9- Une âme a virtuellement une capacité plus large qu'un être naturel ; ainsi, la vue perçoit toutes les choses visibles. Cependant, l'âme, par sa noblesse, a beaucoup plus d'opérations qu'un être inanimé ; par conséquent, elle doit avoir plus de puissances.

10- L'ordre des puissances de l'âme est conforme à l'ordre des objets. Mais dans les deux cas, l'ordre peut être considéré soit selon la perfection, où l'intellect est antérieur au sens ; soit selon le chemin de génération, où le sens est antérieur à l'intellect, car dans le chemin de génération, la disposition accidentelle précède la forme substantielle.

11- L'intellect désire naturellement l'intelligible en tant que tel ; en effet, l'intellect désire naturellement comprendre, et le sens ressentir. Mais puisque la chose sensible ou intelligible n'est pas seulement désirée pour être ressentie ou comprise, mais aussi pour autre chose, il est nécessaire qu'il existe, en plus du sens et de l'intellect, une puissance appétitive.

12- La volonté réside dans la raison en tant qu'elle suit la compréhension de la raison ; l'opération de la volonté appartient au même degré d'opération des puissances de l'âme, mais pas au même genre. De même, il en va ainsi pour l'irascible et le concupiscible en relation avec le sens.

13- L'intellect et l'appétit agissent comme ceux qui imposent le mouvement ; mais il doit y avoir une puissance motrice qui exécute le mouvement, selon laquelle les membres obéissent à l'impératif de l'appétit, et de l'intellect ou du sens.

14- Les puissances de l'âme végétative sont appelées forces naturelles, parce qu'elles n'opèrent que ce que la nature réalise dans les corps ; mais elles sont appelées forces de l'âme parce qu'elles le font d'une manière plus élevée, comme mentionné précédemment.

15- L'être naturel inanimé reçoit simultanément l'espèce et la quantité due ; ce qui n'est pas possible pour les êtres vivants, qui doivent avoir une quantité modérée au début de leur génération, parce qu'ils sont générés à partir d'une semence. Par conséquent, en plus de la force générative, il doit exister une force augmentative qui mène à la quantité due. Cela doit se faire par la conversion de quelque chose en substance pour croître, et ainsi être ajouté. Cette conversion est effectuée par la chaleur, qui convertit ce qui est ajouté de l'extérieur et dissout ce qui est à l'intérieur. Par conséquent, pour la conservation de l'individu, afin de restaurer continuellement ce qui a été perdu et d'ajouter ce qui manque pour la perfection de la quantité et ce qui est nécessaire à la génération de la semence, la force nutritive est nécessaire, servant à la fois l'augmentative et la générative ; ainsi l'individu est conservé.

16- Le son et la chaleur, ainsi que d'autres choses similaires, diffèrent selon un mode distinct de mutation du sens, mais pas les sensibles de genres différents. Par conséquent, les puissances sensitives ne se diversifient pas selon ces objets.

17- Étant donné que les contrariétés dont le toucher est cognitif ne se réduisent pas à un unique genre, comme les diverses contrariétés des visibles se réduisent à un genre unique de la couleur, le philosophe détermine dans le livre II *De Anima* que le toucher n'est pas un sens unique, mais plusieurs. Cependant, tous coïncident dans le fait qu'ils ne sentent pas à travers un médium externe ; et ils sont tous appelés toucher, de sorte qu'il s'agisse d'un unique sens divisé en plusieurs espèces. Néanmoins, on pourrait dire qu'il s'agirait simplement d'un unique sens, parce que toutes les contrariétés, dont le toucher est cognitif, sont connues entre elles et se réduisent à un genre unique, bien que celui-ci soit innommé ; car le genre proche du chaud et du froid est innommé.

18- En tant que les puissances de l'âme sont des propriétés certaines, dire que la mémoire est la passion du premier sensible n'exclut pas que la mémoire soit une puissance distincte du sens ; mais cela montre son ordre par rapport au sens.

19- Le sens reçoit les espèces des sensibles dans les organes corporels et est cognitif des particuliers ; tandis que l'intellect reçoit les espèces des choses sans organe corporel et est cognitif des universels. Par conséquent, une certaine diversité d'objets requiert une diversité de puissances dans la partie sensitive, ce qui n'exige pas de diversité de puissances dans la partie intellectuelle. Recevoir et retenir dans les choses matérielles ne se fait pas selon la même modalité ; mais dans les choses immatérielles, c'est selon la même modalité. De même, selon les divers modes de mutation, le sens doit se diversifier, mais pas l'intellect.

20- Le même objet, à savoir l'intelligible en acte, est comparé à l'intellect agent en tant qu'il est produit par lui ; à l'intellect possible, en revanche, en tant qu'il est ce qui le meut. Par conséquent, il est évident qu'il ne se rapporte pas aux deux selon la même raison.

14. QUESTION 14 : Si l'âme humaine est incorruptible

> Saint Thomas expose vingt et un arguments de divers auteurs, selon lesquels il semble que l'âme humaine soit corruptible

1- On cite le livre de l'*Ecclésiaste*, selon lequel il n'y a pas de différence entre la mort des hommes et celle des animaux : lorsque les animaux meurent, leur âme périt. Cela implique que, lors de la mort de l'homme, son âme pourrait aussi se corrompre, suggérant que l'âme n'est pas immortelle.

2- Ici, il est argumenté que ce qui est corruptible et ce qui est incorruptible diffèrent par leur nature. Puisque l'âme humaine et celle des animaux ne diffèrent pas en espèce, il en découle que, si l'âme des animaux est corruptible, il en va de même pour l'âme humaine.

3- Damascène affirme que l'ange est immortel par grâce, non par nature. Puisque l'ange n'est pas inférieur à l'âme, il est soutenu que l'âme ne peut être considérée comme naturellement immortelle.

4- Cet argument repose sur la notion que le premier moteur, qui est infiniment puissant, agit dans un temps infini. Si l'on considère que l'âme possède une puissance infinie, cela impliquerait que son essence est également infinie, ce qui est contradictoire, car seule l'essence divine est infinie. Par conséquent, l'âme humaine ne peut être incorruptible.

5- On présente une objection à l'idée que l'âme est incorruptible par une vertu divine, en argumentant que ce qui n'est pas essentiel à une chose ne peut être considéré comme faisant partie de son essence. Puisque le fait d'être corruptible ou incorruptible est essentiel à la nature d'un être, l'âme devrait être incorruptible par sa propre essence si elle est immortelle.

6- Il est établi que tout ce qui existe est soit corruptible, soit incorruptible. Si l'âme humaine n'est pas incorruptible par nature, elle doit nécessairement être corruptible.

7- On soutient que tout ce qui est incorruptible a la vertu d'être éternel. Si l'âme humaine est incorruptible, elle devrait exister toujours. Cela implique qu'elle ne peut connaître un état de non-existence, ce qui contredit la foi.

8- On cite Saint Augustin, qui dit que tout comme Dieu est la vie de l'âme, l'âme est la vie du corps. Puisque la mort est une privation de vie, on conclut que l'âme est également privée et éliminée à la mort.

9- On argue que la forme (l'âme) ne peut exister sans le corps. Donc, si le corps meurt, l'âme doit également périr.

10- On répond à l'objection selon laquelle l'âme peut être corruptible seulement en tant que forme et non en tant qu'essence. On soutient que l'âme n'est pas accidentellement la forme du corps, mais qu'elle l'est essentiellement. Ainsi, si elle est corruptible dans sa forme, elle l'est également dans son essence.

11- Cet argument indique que ce qui est constitué par une unité se corrompt lorsqu'un de ses éléments se corrompt. Puisque l'âme et le corps forment une unité, si le corps meurt, l'âme doit également se corrompre.

12- On établit que l'âme sensitive et l'âme rationnelle ne forment qu'une même essence chez l'homme. Puisque l'âme sensitive est corruptible, on conclut que l'âme rationnelle l'est également.

13- On pose que la forme (l'âme) doit être adaptée à la matière. Si le corps est corruptible, alors l'âme doit l'être aussi.

14- On argue que si l'âme peut se séparer du corps, elle doit avoir une action indépendante, mais il n'y a pas d'opération de l'âme sans le corps, car la connaissance ne peut se faire sans images mentales, lesquelles dépendent du corps.

15- On soutient que si l'âme humaine est incorruptible, ce ne peut être que par sa capacité de comprendre. Cependant, on suggère que l'activité de comprendre est quelque chose d'inachevé, ce qui fait qu'il n'est pas nécessaire de considérer l'âme humaine comme immortelle.

16- On argumente que tous les humains n'atteignent pas la compréhension, ce qui suggère que l'intelligence n'est pas l'opération propre de l'âme humaine. Ainsi, il n'est pas nécessaire de considérer l'âme humaine comme incorruptible.

17- Ici, on soutient que tout ce qui est fini peut être consommé. Le bien naturel de l'âme humaine est un bien fini, et si sa bonté se réduit à cause du péché, il semble qu'elle pourrait finalement être anéantie, impliquant que l'âme peut se corrompre.

18- On argumente que la faiblesse du corps affecte l'âme. Si le corps est corruptible, cela suggère que la corruption du corps implique aussi celle de l'âme.

19- On soutient que tout ce qui est créé à partir de rien est susceptible de retourner au néant. Puisque l'âme humaine est créée à partir de rien, elle doit aussi être corruptible.

20- On dit que si la cause demeure, l'effet doit également persister. Si l'âme est cause de la vie du corps, alors elle devrait toujours demeurer. Cela est faux, car on sait que le corps meurt.

21- On conclut que ce qui subsiste par soi-même doit appartenir à une espèce ou à un genre. Puisque l'âme humaine n'est pas considérée comme un individu ou une espèce, il semble qu'elle ne peut subsister par elle-même et, donc, ne peut exister séparément du corps.

> Ensuite, Saint Thomas expose quatre arguments d'autorité selon lesquels l'âme humaine n'est pas corruptible

1- L'âme humaine est immortelle parce qu'elle est faite à l'image de Dieu. Dans le livre de la *Sagesse*, il est dit que Dieu a créé l'homme comme immortel et à Son image. Selon Saint Augustin, cette image se réfère à l'âme. Cet argument suggère que, puisque l'âme humaine est créée à l'image et à la ressemblance de Dieu, elle partage sa nature divine, ce qui implique son incorruptibilité. Ainsi, l'âme ne peut être détruite ou corrompue, car son essence est liée à l'éternel et au divin.

2- La non-existence de contraires dans l'âme humaine. Cet argument soutient que tout ce qui est corruptible doit être composé d'éléments opposés ou contenir des contraires. Cependant, l'âme humaine est totalement dépourvue de contraires, car même si certains éléments semblent opposés en son sein, ils ne se manifestent pas comme tels dans l'âme. Par conséquent, en l'absence d'éléments contradictoires susceptibles de conduire à sa corruption, on conclut que l'âme humaine est incorruptible.[9]

3- La nature immatérielle de l'âme humaine. Ici, un parallèle est établi entre l'âme humaine et les corps célestes, considérés comme incorruptibles en raison de leur absence de matière au sens de ce qui est générable et corruptible. On soutient que l'âme humaine est entièrement immatérielle, car elle est capable de recevoir les espèces des choses sans matérialité. Cette immatérialité implique que l'âme n'est pas soumise aux processus de génération et de corruption qui affectent les corps matériels, et donc, elle est considérée comme incorruptible.

4- La séparation de l'intellect du corps corruptible. Cet argument se fonde sur l'affirmation d'Aristote selon laquelle l'intellect est perpétuel et se sépare de ce qui est corruptible. Puisque l'intellect fait partie de l'âme, on en déduit que l'âme humaine est également incorruptible. L'idée est que si l'intellect, en tant qu'aspect de l'âme, peut exister indépendamment et perdurer au-delà de la corruption du corps, alors l'âme, qui inclut l'intellect, doit également être incorruptible.

> Ensuite, Saint Thomas présente sa propre réponse à la Question posée

Saint Thomas argumente en faveur de l'incorruptibilité de l'âme humaine à travers plusieurs points clés qui renforcent sa thèse. Il commence par souligner que l'être d'une chose est intrinsèquement lié à sa forme. Chaque entité possède l'existence (l'être) en vertu de sa forme spécifique ; par conséquent, l'être ne peut être séparé de la forme qui le détermine. Les composés de matière et de forme sont corruptibles parce qu'ils peuvent perdre leur forme, et, ce faisant, perdent leur être. Cependant, la forme elle-même ne peut être corruptible, car elle ne se corrompt que par accident, lorsqu'elle perd sa relation avec la matière. Si une forme possédait un être par elle-même, elle serait nécessairement incorruptible.

Saint Thomas soutient que l'intellect humain est la faculté qui permet à l'homme de comprendre et de connaître. Cette capacité de compréhension ne dépend pas d'un organe corporel, car aucun organe ne peut appréhender toutes les natures sensibles. Ainsi, l'intellect opère de manière indépendante du corps, ce qui indique que son existence n'est pas subordonnée aux conditions matérielles. Ce fait renforce l'idée que l'intellect possède un être qui transcende le domaine physique, impliquant ainsi son incorruptibilité.

L'intellect humain n'est pas un composé de matière et de forme, mais il est immatériel, ce qui lui permet de recevoir les espèces (formes) des choses sans limitation matérielle. Cela est particulièrement pertinent car l'intellect peut concevoir l'universel, ce qui dépasse les conditions matérielles. En étant immatériel, l'intellect implique également que le principe intellectif de l'être humain est incorruptible.

Saint Thomas conclut que le principe intellectif de l'homme est une forme qui possède une existence par elle-même. Puisque l'existence et l'opération de l'intellect ne dépendent pas du corps, il établit que l'âme humaine, qui inclut cette capacité intellective, est incorruptible. De plus, il mentionne deux indices qui soutiennent cette conclusion : la nature de l'intellect, qui perçoit le corruptible de manière incorruptible, et l'appétit naturel des êtres humains pour la perpétuité, suggérant un désir intrinsèque d'immortalité. À travers cette argumentation logique et philosophique, Saint Thomas affirme que l'âme humaine est nécessairement incorruptible, s'appuyant sur la relation entre forme et être, la nature de l'intellect et le désir inné des êtres humains pour l'éternité.

> Ensuite, Saint Thomas répond à chacun des vingt et un arguments initialement exposés, qui considéraient l'âme comme sujette à la corruption

1- Sur l'interprétation de Salomon. Il explique que Salomon, dans le livre des *Proverbes*, s'exprime à travers différentes personnes, parfois comme un sage et d'autres fois comme un insensé. La mort des humains et des animaux fait référence à la corruption du composé (corps et âme), où la séparation de l'âme du corps entraîne la corruption, bien que l'âme humaine persiste tandis que celle des animaux ne le fait pas.

2- Classification des âmes. Il est avancé que si l'âme humaine et celle des animaux étaient classées de manière identique, on pourrait conclure qu'elles appartiennent à des genres différents. Cependant, puisque les deux sont des parties d'un être composé corruptible, elles peuvent être considérées comme appartenant au même genre.

3- Immutabilité et mortalité. Saint Thomas soutient que la véritable immortalité se manifeste comme immutabilité. L'âme, tout comme les anges, possède cette immutabilité par grâce, ce qui renforce sa nature incorruptible.

4- L'être et la forme. Il est précisé que l'être (l'entité) est en relation avec la forme en tant que conséquence de celle-ci. L'existence d'un être (entité) pendant un temps infini ne prouve pas l'infinité de sa forme, mais celle de sa cause.

5- Essence de la corruptibilité. Bien que l'incorruptibilité puisse appartenir à l'essence, l'« acte perpétuel d'exister » (c'est-à-dire l'immortalité ou l'existence sans corruption) ne dépend pas exclusivement de l'essence de l'âme, mais d'un principe actif externe (par exemple, en théologie, cela pourrait être interprété comme la puissance divine).

6- Réponse générale. Aucun commentaire supplémentaire. L'Aquinate affirme que ce qui a été exposé est suffisant pour répondre à l'objection posée.

7- La vertu de l'âme. Il est indiqué que l'âme a la vertu d'exister toujours, mais pas nécessairement d'avoir toujours existé. Par conséquent, elle peut ne pas avoir existé dans le passé, mais elle ne cessera pas d'exister à l'avenir.

8- La nature de l'âme. L'âme est considérée comme la forme du corps en tant que principe de vie. La vie s'identifie à l'existence de l'être vivant.

9- L'existence de l'âme. L'âme possède un être qui ne dépend pas du corps. Cela est démontré par son opération.

10- Bien que l'âme soit essentiellement une forme, elle peut posséder des caractéristiques qui ne lui appartiennent pas strictement en tant que forme, comme la subsistance.

11- Unité de l'être humain. Bien que l'âme et le corps forment ensemble un être humain, l'existence de cet être provient de l'âme. Par conséquent, même si le corps disparaît, l'âme demeure.

12- Corruptibilité de l'âme sensitive. Il est précisé que l'âme sensitive chez les animaux est corruptible, tandis que chez les humains, étant de la même essence que l'âme rationnelle, elle est incorruptible.

13- Relation entre le corps et l'âme. Le corps humain est constitué de manière appropriée pour les opérations de l'âme. La corruption et les défauts physiques résultent de la matière, et non de l'essence de l'âme.

14- Intelligence et imagination. L'affirmation selon laquelle il est impossible de comprendre sans imagination s'applique à l'état présent de la vie, tandis qu'il existe une manière différente de compréhension dans l'âme séparée.

15- Capacité de compréhension. Bien que l'âme humaine ne comprenne pas de la même manière que les êtres supérieurs, elle parvient à comprendre d'une manière qui démontre son incorruptibilité.

16- Connaissance commune. Même si peu atteignent une compréhension parfaite, tous acquièrent une compréhension suffisante, car les principes de la démonstration sont communs à la conception de l'âme.

17- Péché et nature. Le péché élimine la grâce mais n'altère pas l'essence d'un être. Une partie de l'inclination à la grâce peut être perdue, mais la capacité liée à la nature demeure intacte.

18- Faiblesse du corps. La faiblesse du corps n'affaiblit pas l'âme, car l'action dépend de l'organe et non de l'essence de l'âme.

19- Corruptibilité et essence. Il est soutenu que ce qui provient du néant peut retourner au néant, mais cela n'implique pas qu'il soit corruptible; cela signifie simplement qu'il contient en lui-même un principe de corruption.

20- Incorruptibilité de l'âme. Bien que l'âme, en tant que cause de vie, soit incorruptible, le corps, qui reçoit la vie de l'âme, est sujet à la transmutation et peut donc subir la corruption.

21- Nature de l'âme. Enfin, il est établi que bien que l'âme puisse exister par elle-même, elle ne possède pas de spécificité en soi, car elle fait partie d'une espèce plus grande.

15. QUESTION 15 : Si l'âme séparée du corps peut comprendre

> Saint Thomas expose vingt-et-un arguments provenant de différents auteurs selon lesquels il semble que l'âme séparée du corps ne peut pas comprendre

1- L'opération du composé (corps et âme) ne persiste pas dans l'âme séparée. Comprendre est une opération qui appartient à cette union, donc l'intellect ne peut exister dans l'âme séparée du corps.

2- Aristote soutient qu'il est impossible de comprendre sans images mentales *(phantasmata)*. Ces images dépendent des sens, qui sont liés au corps. Par conséquent, l'âme séparée ne peut pas comprendre.

3- Bien qu'on puisse argumenter qu'Aristote parle de l'âme unie au corps, l'âme séparée ne peut pas comprendre à moins d'utiliser sa capacité intellectuelle. Comme Aristote affirme que comprendre implique les images, l'âme séparée ne peut pas comprendre, car elle n'y a pas accès sans le corps.

4- Aristote compare l'intellect au sens de la vue. De même qu'on ne peut voir les couleurs sans celles-ci, l'intellect ne peut comprendre sans images mentales, ce qui implique qu'il ne peut comprendre sans le corps.

5- Aristote mentionne que l'intellect peut être influencé par des facteurs internes, comme le cœur ou la chaleur naturelle. Ces éléments appartiennent au corps. Par conséquent, l'âme séparée ne peut pas comprendre, ayant été séparée de ces facteurs.

6- Si l'on soutient que l'âme séparée comprend différemment de l'âme unie au corps, cela contredit la nature de la forme et de la matière. La forme (l'âme) s'unit au corps pour accomplir son action, qui est de comprendre. Si elle pouvait comprendre sans le corps, son union serait inutile.

7- Si l'âme séparée comprend, elle le ferait d'une manière plus noble que lorsqu'elle est unie au corps. Cependant, cela serait préjudiciable, car le bien de l'âme est de comprendre, ce qui rendrait son union au corps non naturelle.

8- Les puissances de l'âme se distinguent par leurs objets. Si l'âme séparée peut comprendre sans images, elle aurait besoin de puissances différentes, ce qui est impossible, car les puissances sont inhérentes à la nature de l'âme.

9- Si l'âme séparée comprend, elle doit le faire par une puissance. Les seules puissances intellectives sont l'intellect agent et l'intellect possible, qui dépendent tous deux des images. Ainsi, il semble que l'âme séparée ne peut pas comprendre.

10- Chaque être a une opération propre. Si l'opération de l'âme est de comprendre à travers des images, elle ne peut comprendre autrement, ce qui signifie que, séparée du corps, elle ne peut pas comprendre.

11- Si l'âme séparée comprend, elle doit le faire par une similitude avec l'objet connu. Cependant, elle ne peut comprendre par son essence, car cela est exclusif à Dieu. Elle ne peut pas non plus comprendre par l'essence de l'objet connu.

12- Les espèces innées seraient inutiles si l'âme ne pouvait pas comprendre à travers elles lorsqu'elle est dans le corps. Les espèces n'ont de valeur que si elles servent à la compréhension.

13- Bien qu'on argue que l'âme peut comprendre par des espèces innées, l'âme unie au corps est plus parfaite et, donc, doit être capable de comprendre mieux que dans son état séparé.

14- Ce qui est naturel à quelque chose ne peut pas être totalement empêché par sa nature. Si les espèces intellectuelles sont naturellement innées à l'âme, l'union avec le corps ne devrait pas empêcher qu'elle comprenne à travers elles, ce qui contredit l'expérience.

15- Si l'âme séparée ne pouvait comprendre qu'à travers des espèces acquises, cela signifierait que certaines âmes séparées, n'ayant pas acquis d'espèces, ne pourraient pas comprendre, ce qui est intenable.

16- Si l'âme séparée ne comprend que par des espèces acquises, cela signifierait qu'elle ne comprend que ce qu'elle a connu lorsqu'elle était unie au corps. Cependant, elle peut comprendre des choses qu'elle ne connaissait pas auparavant, comme le châtiment ou la récompense.

17- Comprendre nécessite la présence d'espèces dans l'intellect. Si l'intellect possède des espèces, il peut comprendre. Ainsi, les espèces ne demeurent pas dans l'intellect après qu'il cesse de comprendre, ce qui signifie qu'il ne peut pas comprendre après la séparation.

18- Les habitudes acquises produisent des actes similaires à ceux qui les ont engendrées. Les espèces sont acquises par la contemplation des images ; par conséquent, l'âme séparée ne peut pas comprendre sans revenir aux images.

19- On ne peut pas dire que l'âme séparée comprend à travers les espèces d'une substance supérieure. L'intellect humain est conçu pour recevoir des informations des sens et ne peut pas les recevoir d'un niveau supérieur.

20- Il ne suffit pas qu'une cause supérieure agisse sur quelque chose qui, naturellement, provient de causes inférieures. L'âme humaine a besoin de recevoir ses espèces par les sens, et ne peut le faire par la seule influence des substances supérieures.

21- L'action doit être proportionnelle au sujet qui la reçoit. La compréhension des substances supérieures ne convient pas à l'intellect humain, car ces substances ont une compréhension plus universelle et abstraite. Par conséquent, l'âme séparée ne peut pas comprendre à travers des espèces provenant de ces substances supérieures.

> Ensuite, Saint Thomas expose trois arguments d'autorité selon lesquels l'âme séparée du corps peut comprendre

Premier argument

Premisse 1. L'action de comprendre (l'acte d'intellection) est l'opération la plus haute et propre à l'âme. Cela signifie que la capacité de comprendre est essentielle à l'essence de l'âme.

Premise 2. Si l'on conclut que l'intelligence n'est pas possible pour l'âme lorsqu'elle est séparée du corps, cela suggère qu'aucune autre opération ne pourrait non plus lui être attribuée. Cela impliquerait qu'une âme séparée manquerait de toute fonction ou activité, ce qui serait problématique.

Premise 3. Si l'âme ne peut accomplir aucune opération sans le corps, il en résulte qu'elle ne peut exister en tant qu'entité séparée. L'existence d'une âme incapable d'agir est donc contradictoire.

Conclusion. Puisqu'il est admis qu'une âme séparée existe, il faut également admettre qu'elle est capable de comprendre. Cela renforce l'idée que l'intelligence est essentielle et que, par conséquent, l'âme séparée doit posséder cette capacité.

Deuxième argument

Premise 1. Il est mentionné que ceux qui sont ressuscités dans les Écritures conservent la même connaissance qu'ils avaient avant de mourir.

Cet exemple suggère que la mémoire ou l'intelligence ne disparaît pas avec la mort.

Premise 2. Il en découle que les connaissances acquises par un individu au cours de sa vie terrestre ne se perdent pas après la mort. Cela implique que l'âme, même après s'être séparée du corps, conserve l'accès à ce qu'elle comprenait et connaissait.

Conclusion. Par conséquent, on soutient que l'âme peut comprendre grâce aux "espèces" ou représentations qu'elle avait acquises lorsqu'elle était unie au corps. Cela implique que la connaissance et la capacité de comprendre persistent au-delà de la séparation du corps, indiquant que l'intelligence est une fonction de l'âme indépendante de son état physique.

Troisième argument

Premise 1. Il est établi qu'il existe une relation de similitude entre les réalités inférieures (corporelles) et supérieures (spirituelles ou intellectuelles). Par exemple, les mathématiciens peuvent prédire l'avenir en observant les similitudes dans les corps célestes.

Premise 2. Il est affirmé que l'âme est supérieure à toutes les choses corporelles. En tant que telle, elle a la capacité de comprendre les similitudes entre les réalités physiques et leurs représentations intellectuelles.

Conclusion. Puisque toutes les réalités corporelles ont une représentation dans l'âme, qui agit comme une substance intellectuelle, il est suggéré que l'âme a la capacité de comprendre toutes les choses corporelles, même lorsqu'elle est séparée du corps. Cela renforce l'idée que l'intelligence de l'âme ne dépend pas de son union avec le corps, mais est inhérente à sa nature.

Réponse de Saint Thomas à la Question posée

Dans cette réponse, Saint Thomas aborde la question de la manière dont l'âme humaine peut comprendre.

Il commence par reconnaître que, dans son état actuel, l'âme semble avoir besoin des sens pour comprendre le monde sensible. Cela a conduit à diverses opinions sur la nature de ce besoin.

D'une part, certains philosophes, comme les platoniciens, soutiennent que les sens ne sont pas nécessaires pour l'intelligence en elle-même, mais qu'ils aident simplement à se rappeler ce que l'âme connaît déjà de manière innée. Selon cette vision, l'âme possède une connaissance préalable qui peut être réveillée par l'expérience sensorielle, et avant de s'unir au corps, elle pourrait accéder à cette connaissance sans obstacles. Cependant, cette position a du mal à expliquer pourquoi l'âme s'unit au corps, étant donné que cette union pourrait limiter son action.

D'autre part, Avicenne propose que les sens ne sont nécessaires ni pour l'acquisition du savoir ni pour la préparation de l'âme à recevoir ce savoir d'un intellect agent, une substance séparée qui fournit les formes intelligibles. Cette position, bien que plus élaborée, rencontre également des difficultés, notamment l'acquisition immédiate de tout savoir par n'importe quelle âme, ce qui est manifestement faux.

Saint Thomas argumente alors que les puissances sensorielles sont nécessaires à l'âme pour comprendre, non pas accidentellement, mais de manière essentielle. Les images (phantasmes) perçues par les sens agissent comme des représentations des objets que l'intellect doit comprendre. Ainsi, les sens permettent à l'intellect d'atteindre une compréhension plus complète des choses.

Lorsqu'on considère l'éventualité de la séparation de l'âme du corps, la difficulté se pose de savoir comment elle peut comprendre sans les images sensorielles qu'elle utilise habituellement. Saint Thomas propose alors que, bien que l'âme humaine participe de manière limitée au savoir intellectuel, elle peut recevoir l'influence des substances supérieures (anges), même sans images sensorielles, une fois qu'elle est séparée du corps. Cependant, il précise que la connaissance acquise par les sens reste supérieure en précision et en détermination.

Enfin, il souligne que les âmes séparées conservent le savoir qu'elles ont acquis au cours de leur vie, ce qui leur permet de comprendre de manière efficace, bien que pas aussi pleinement que si elles avaient un accès continu aux images sensorielles. Ainsi, la réponse de Saint Thomas équilibre la nécessité des sens pour l'acquisition du savoir avec la capacité de l'âme à comprendre, même après sa séparation du corps. Il pointe vers une compréhension plus riche et nuancée de la relation entre l'âme, le corps et la connaissance.

> À la suite, Saint Thomas répond à chacun des vingt-et-un arguments selon lesquels il semble que l'âme séparée du corps ne puisse pas comprendre

1- Saint Thomas clarifie qu'Aristote ne parle pas selon sa propre opinion, mais en relation avec la vision de ceux qui soutiennent que comprendre implique un mouvement. Cela implique que la compréhension n'est pas nécessairement liée au mouvement physique.

2- Il est indiqué ici qu'Aristote se réfère à l'opération intellectuelle de l'âme dans son état uni au corps. Dans cette union, l'âme a besoin des images *(phantasmata)* pour comprendre, ce qui signifie que l'opération de l'intellect dépend de l'expérience sensorielle.

3- Dans l'état actuel de l'union de l'âme avec le corps, l'âme ne participe pas aux espèces intelligibles supérieures. Elle n'a accès qu'à la "lumière intellectuelle" qui lui permet de comprendre à travers les images. Cependant, une fois séparée, l'âme pourra accéder à ces espèces intelligibles sans nécessiter d'objets externes.

4- L'idée précédente est répétée, renforçant que l'âme, après la séparation, aura un accès plus direct aux réalités intelligibles.

5- Saint Thomas note qu'Aristote parle du point de vue de ceux qui croient que la compréhension nécessite un organe corporel, ce qui serait incompatible avec la capacité de l'âme séparée à comprendre.

6- Ici, il est précisé que l'âme s'unit au corps à travers son opération, qui est de comprendre. Cela ne signifie pas qu'elle ne puisse pas comprendre sans le corps, mais que, dans l'ordre naturel, la compréhension est moins parfaite dans l'union avec le corps.

7- Cette idée est directement liée à la précédente, indiquant que le raisonnement repose sur le fait que l'union de l'âme au corps est nécessaire pour l'activité intellectuelle dans cette vie.

8- Il est expliqué que les images *(phantasmata)* ne sont un objet de l'intellect que lorsqu'elles deviennent intelligibles grâce à la "lumière de l'intellect agent". Par conséquent, la nature de l'objet formel ne change pas, bien que l'objet matériel soit différent.

9- L'opération de l'intellect agent et de l'intellect possible dans l'état d'union avec le corps est différenciée, indiquant qu'une fois séparée, l'âme pourra recevoir directement les espèces des réalités supérieures.

10- L'opération de l'âme est de comprendre les réalités intelligibles en acte, et cette opération n'est pas altérée par le fait que les espèces intelligibles proviennent d'images ou d'autres sources.

11- Ici, il est précisé que l'âme séparée ne comprend pas les choses à travers son essence, mais à travers des espèces qu'elle reçoit des substances supérieures, ce qui diffère de la position des platoniciens qui croyaient à une connaissance essentielle immédiate.

12- L'idée précédente est renforcée, selon laquelle la connaissance par des espèces provenant des substances supérieures est exclusive à l'état de séparation de l'âme.

13- Il est soutenu que si l'âme possédait des espèces innées, elle pourrait comprendre sans avoir besoin de celles acquises. Cependant, son activité corporelle limite sa capacité à accéder aux réalités supérieures.

14- Il est répété qu'il n'est pas naturel pour l'âme de comprendre à travers des espèces qu'elle reçoit dans l'union avec le corps, mais que cela est possible seulement après la séparation.

15- Saint Thomas explique que les âmes séparées peuvent comprendre à travers des espèces préalablement acquises, mais également à travers celles qu'elles reçoivent après la séparation.

16- Cette réponse est liée au pouvoir de l'intellect de comprendre, qui est limité par son union avec le corps.

17- Il est précisé que les espèces intelligibles peuvent exister dans l'intellect possible à l'état de puissance, nécessitant une impulsion pour passer à l'action, ce qui peut se produire à divers degrés.

18- L'opération intellectuelle ne se distingue pas par la source d'où proviennent les espèces, car ce qui importe, c'est l'objet en lui-même et non son origine matérielle.

19- L'intellect possible n'est pas conçu pour recevoir quoi que ce soit des images, mais cela n'empêche pas qu'il puisse recevoir des influences de réalités supérieures.

20- La science (la connaissance) dans l'âme est liée aux images tant qu'elle est unie au corps, mais une fois séparée, elle peut obtenir des connaissances de sources supérieures.

21- Bien que la science (la connaissance) des substances séparées ne soit pas complètement adéquate à l'âme humaine, cela n'implique pas qu'elle ne puisse rien recevoir de leur influence, bien que ce ne soit pas de manière pleine ou parfaite.

16. QUESTION 16 : Si l'âme, lorsqu'elle est unie au corps, peut comprendre les substances séparées

> Saint Thomas expose dix arguments de différents auteurs, selon lesquels il semble que l'âme unie au corps puisse comprendre les substances séparées

1- Aucune forme n'est empêchée d'atteindre sa fin en raison de la matière à laquelle elle est naturellement unie. La fin de l'*anima intellectiva* semble être de comprendre les substances séparées, qui sont les plus intelligibles. Tout comme la fin de chaque chose est d'atteindre sa perfection dans son opération, l'âme humaine, donc, ne devrait pas être empêchée de comprendre les substances séparées en raison de son union avec le corps.

2- La fin ultime de l'homme est le bonheur, qui, selon Aristote dans l'*Éthique à Nicomaque*, consiste en l'opération de la faculté la plus élevée, l'intellect, face à l'objet le plus noble, qui serait une substance séparée. Si l'homme ne pouvait pas atteindre cette fin, son existence serait dénuée de sens, ce qui serait absurde. Par conséquent, l'homme, même uni au corps, devrait être capable de connaître les substances séparées.

3- Tout processus de génération atteint un terme, car rien ne se meut indéfiniment. L'opération de l'intellect implique également un processus, où il passe de la puissance à l'acte, c'est-à-dire à la connaissance en acte. Ce processus ne peut pas continuer indéfiniment et doit atteindre un terme où l'intellect est pleinement en acte, ce qui ne pourrait se produire sans connaître tout ce qui est intelligible, y compris les substances séparées.

4- Il est plus difficile pour l'intellect d'abstraire des concepts à partir de choses matérielles, qui sont en elles-mêmes non séparées, que de comprendre celles qui sont séparées par nature. Puisque l'intellect humain, uni au corps, peut abstraire des concepts des choses matérielles, il devrait avoir une capacité encore plus grande à comprendre les substances séparées.

5- Tout comme la perception sensorielle d'objets externes intenses est limitée par la capacité de l'organe sensoriel à supporter cette intensité, l'intellect n'est pas corrompu par les objets intelligibles, mais, au contraire, il est perfectionné. Ainsi, plus l'objet est intelligible, plus l'intellect peut le comprendre, et les substances séparées sont les plus intelligibles de toutes.

6- L'intellect, même uni au corps, abstrait la quiddité ou l'essence des choses. Eventuellement, le processus d'abstraction doit parvenir à une quiddité qui ne soit pas une chose concrète avec une essence, mais une essence pure. Les substances séparées, n'ayant pas de matérialité, sont essentiellement des quiddités pures, de sorte que l'intellect devrait être capable de les connaître.

7- Il est naturel pour l'intellect de connaître les causes à partir de leurs effets. Comme les substances séparées produisent des effets dans les choses sensibles et matérielles (puisque, selon Saint Augustin, les anges administrent ce qui est corporel sur l'ordre de Dieu), l'intellect devrait pouvoir comprendre les substances séparées à partir de leurs effets dans les choses matérielles.

8- L'âme unie au corps peut se comprendre elle-même. Augustin explique dans *De Trinitate* que l'esprit se connaît et s'aime lui-même, et puisque l'âme humaine partage la nature des substances séparées en tant qu'intellectuelles, elle devrait pouvoir comprendre d'autres substances séparées.

9- Rien n'existe en vain dans la réalité. Par conséquent, si les substances séparées sont intelligibles en elles-mêmes, l'intellect humain devrait pouvoir les comprendre, car autrement leur intelligibilité serait inutile.

10- L'intellect, en relation avec ce qui est intelligible, ressemble à la vue en relation avec ce qui est visible. Tout comme la vue peut percevoir des objets visibles, bien qu'elle soit elle-même corruptible, l'intellect humain devrait pouvoir connaître les substances séparées, qui sont incorruptibles et pleinement intelligibles en elles-mêmes.

> Ensuite, Saint Thomas expose un argument d'autorité selon lequel l'âme unie au corps ne peut pas connaître les substances séparées

Aristote explique dans *De Anima* Livre III de que l'âme ne peut rien comprendre sans recourir aux images ou *phantasmata* que lui fournissent les sens. Ces *phantasmata*, ou représentations sensibles, sont essentielles pour le processus de connaissance dans l'âme humaine, car sans elles, la compréhension intellectuelle est impossible. Cependant, les substances séparées, par leur nature immatérielle, ne peuvent pas être représentées par des *phantasmata*, puisqu'elles n'ont pas de forme matérielle que les sens puissent capter et ensuite transmettre à l'intellect. Par conséquent, il faut conclure que l'âme, dans son état uni au corps, ne peut comprendre les substances séparées, car elle dépend des *phantasmata* pour comprendre, et ces entités n'ont pas de représentation sensible accessible aux sens humains.

> Ensuite, Saint Thomas donne sa propre réponse à la Question posée

Saint Thomas répond à cette question en reconnaissant qu'Aristote avait promis de la résoudre dans son traité *De Anima*, bien que cette solution ne nous soit pas parvenue. Par conséquent, il existe diverses interprétations concernant la possibilité pour l'âme humaine de connaître les substances séparées.

Certains affirment que l'âme peut les connaître une fois unie à l'intellect agent, qu'ils considèrent comme une substance séparée capable de connaître naturellement ces substances. Selon cette théorie, l'intellect agent s'unirait à nous comme une forme permettant cette connaissance, tout comme la lumière rend visible la couleur dans la pupille. D'autres pensent que l'âme humaine peut connaître les substances séparées de manière similaire à la façon dont elle comprend les objets matériels, par des principes philosophiques.

Saint Thomas rejette les deux opinions. Il soutient que l'intellect agent, s'il est une substance séparée, ne peut pas s'unir à nous de manière à devenir une partie de notre être ; sinon, il ne serait pas une substance séparée. De plus, il critique l'idée que la connaissance parfaite des êtres intelligibles conduise à la connaissance des substances séparées, car l'intellect humain, dépendant des sens et des images mentales *(phantasmata),* ne peut pas comprendre la nature des substances séparées.

En conclusion, Saint Thomas soutient que, tant que l'âme est unie au corps, elle ne pourra connaître les substances séparées que de manière indirecte : par les images et effets des êtres matériels. Par conséquent, la connaissance de ces substances sera partielle et négative, permettant seulement de comprendre "ce qu'elles ne sont pas" plus que ce qu'elles sont réellement.

> Ensuite, Saint Thomas répond à chacun des dix arguments exposés initialement, qui considéraient que l'âme unie au corps peut comprendre les substances séparées

1- Saint Thomas répond que la capacité naturelle de l'âme humaine s'étend jusqu'à pouvoir connaître les substances séparées. L'union au corps n'empêche pas cette possibilité de connaissance. De plus, le dernier bonheur de l'homme, qu'il peut atteindre par des moyens naturels, consiste en cette connaissance des substances séparées.

2- La solution au deuxième argument découle de ce qui a été expliqué dans le premier, il n'est donc pas nécessaire d'ajouter davantage.

3- La faculté de l'intellect possible progresse continuellement, passant de la puissance à l'acte à mesure que sa compréhension augmente. Cependant, le but ultime de cette progression est de connaître l'essence divine, le suprême intelligible. Toutefois, cette connaissance ne peut être obtenue uniquement par des moyens naturels, elle nécessite la grâce.

4- Il est plus difficile de « faire » des substances séparées que de simplement les comprendre, si ce sont les mêmes substances. Si elles sont différentes, il n'est pas nécessaire de les faire pour les comprendre. De plus, il peut y avoir une plus grande difficulté à comprendre certaines substances séparées qu'à abstraire et comprendre d'autres.

5- Contrairement aux sens qui, face à des objets sensoriels intenses, peuvent être endommagés, l'intellect ne subit pas de corruption en étant le réceptacle d'intelligibles excellents, car il ne possède pas d'organe physique susceptible d'être endommagé. Cependant, il existe des intelligibles qui dépassent la capacité de l'intellect humain, comme les substances séparées, dont la compréhension naturelle est limitée en raison de la dépendance de l'intellect humain aux espèces abstraites des *phantasmata*. Si l'intellect comprenait les substances séparées, il augmenterait sa compréhension d'autres objets, au lieu de la diminuer.

6- Les essences abstraites des choses matérielles ne sont pas suffisantes pour comprendre ce que sont les substances séparées, car elles ne fournissent pas une compréhension adéquate de leur nature.

7- De même, les effets défectueux ne suffisent pas à connaître complètement la cause qui les engendre, comme cela a été dit précédemment.

8- L'intellect possible humain ne se comprend pas directement par sa propre essence, mais à travers l'espèce qu'il reçoit des *phantasmata*. C'est pourquoi le philosophe affirme que l'intellect possible est intelligible de la même manière que d'autres objets le sont. Rien n'est intelligible en puissance, mais en acte, comme cela est expliqué dans la *Métaphysique*. Étant donné que l'intellect possible est en puissance en ce qui concerne son être intelligible, il ne peut se comprendre que par la forme qui le met en acte, qui est l'espèce abstraite des *phantasmata*. Cela s'applique à toutes les facultés de l'âme : les actes sont connus à travers les objets, les facultés à travers les actes, et l'âme à travers ses facultés. Ainsi, l'âme intellectuelle se connaît à travers son acte de comprendre, mais l'espèce extraite des *phantasmata* n'est pas une forme de substance séparée qui permette de la connaître, comme cela se produit avec l'intellect possible.

9- Cet argument est inefficace pour deux raisons : premièrement, parce que les intelligibles n'existent pas « pour » les intellects qui les comprennent, mais qu'ils sont des fins et des perfectionnements de ceux-ci. Il n'est donc pas vrai qu'une substance intelligible non comprise par un autre intellect soit « superflue » ou sans but. Deuxièmement, bien que les substances séparées ne soient pas comprises par notre intellect lorsqu'il est uni au corps, elles sont comprises par d'autres substances séparées.

10- Les espèces qui sont perçues par la vue peuvent être des ressemblances de tout corps, qu'il soit corruptible ou incorruptible. Cependant, les espèces que l'intellect possible reçoit des *phantasmata* ne sont pas des ressemblances de substances séparées ; il n'est donc pas possible de faire la même comparaison.

17. QUESTION 17 : Si l'âme, lorsqu'elle se sépare du corps, peut connaître les substances séparées

> Saint Thomas expose onze arguments de différents auteurs, selon lesquels il semble que l'âme séparée du corps ne puisse pas connaître les substances séparées

1- Argument de la perfection de l'opération : Il est soutenu qu'une substance est plus parfaite lorsqu'elle est unie que lorsqu'elle est séparée, ce qui implique que l'âme unie au corps serait plus parfaite qu'une âme séparée. Ainsi, si l'âme unie au corps ne peut pas connaître les substances séparées, il semble que l'âme séparée ne pourrait pas non plus le faire.

2- Argument de la nature ou de la grâce : On se demande si la connaissance des substances séparées par l'âme peut être obtenue par nature ou uniquement par grâce. Si c'est par nature, le fait que l'âme soit unie au corps ne devrait pas empêcher cette connaissance, car il est naturel pour l'âme d'être unie au corps. Si c'est par grâce, comme toutes les âmes séparées n'ont pas la grâce, toutes ne pourraient pas connaître les substances séparées.

3- Argument de la finalité de l'union au corps : Il est exposé que le but de l'union de l'âme au corps est d'acquérir des connaissances et des vertus. Puisque la plus grande perfection de l'âme résiderait dans la connaissance des substances séparées, si l'âme pouvait atteindre cette connaissance seulement en se séparant, l'union au corps semblerait inutile.

4- Argument de l'essence ou de l'espèce : Si l'âme séparée connaît une substance séparée, elle devrait le faire à travers l'essence de cette substance ou par une espèce de celle-ci. Cependant, l'essence d'une substance séparée ne s'identifie pas à l'âme séparée, et il n'est pas possible d'abstraire une espèce d'une substance séparée, car celles-ci sont simples. Ainsi, l'âme séparée ne pourrait pas connaître les substances séparées.

5- Argument des moyens de connaissance : On soutient que la connaissance ne peut être obtenue que par les sens ou par l'intellect. Comme les substances séparées ne sont pas sensibles, elles ne peuvent pas être connues par les sens ; elles ne peuvent pas non plus être connues par l'intellect, car ce dernier ne s'occupe pas du particulier, et les substances séparées sont particulières.

6- Argument de la distance entre les facultés : La distance entre l'intellect possible de l'âme humaine et un ange est plus grande que celle entre l'imagination et l'intellect possible chez l'homme. Si l'imagination ne peut pas comprendre l'intellect possible, l'intellect possible humain ne peut donc pas comprendre une substance séparée.

7- Argument de la disposition vers le bien et la vérité : Étant donné que certaines âmes séparées, comme celles des damnés, ne peuvent pas se tourner vers le bien, on en déduit que leurs intelligences ne peuvent pas non plus se tourner vers la vérité. Puisque la connaissance d'une substance séparée est une forme suprême de vérité, cela impliquerait que toutes les âmes séparées ne pourraient pas connaître les substances séparées.

8- Argument de la proximité du bonheur : Les philosophes soutiennent que le bonheur ultime consiste à connaître les substances séparées. Si les âmes des damnés peuvent comprendre ces substances, il semblerait qu'elles soient plus proches du bonheur que les vivants, ce qui serait contradictoire.

9- Argument de la nature de la connaissance entre intelligences : Selon le *Livre des Causes*, une intelligence connaît une autre selon la modalité de sa propre substance. Cependant, il est affirmé que l'intellect possible ne peut pas se connaître directement par sa propre essence mais par des espèces dérivées des *phantasmata*. Par conséquent, l'âme séparée ne pourrait pas connaître d'autres substances séparées.

10- Argument des modes de connaissance : Il existe deux modes de connaissance : l'un dans lequel on atteint la connaissance de ce qui est antérieur par ce qui est postérieur, et l'autre dans lequel on connaît le postérieur à partir de l'antérieur. Dans le cas des âmes séparées, elles ne pourraient suivre le premier mode, car celui-ci repose sur la connaissance sensorielle. Ainsi, l'âme séparée devrait connaître par le second mode, ce qui signifierait que les réalités les plus connues, comme l'essence divine, seraient les premières à être connues. Cela irait à l'encontre de la doctrine selon laquelle la vision de l'essence divine est obtenue uniquement par grâce, et non par des moyens naturels.

11- Argument de l'impression d'une substance sur une autre : Une substance séparée inférieure ne peut connaître une autre que si elle reçoit une impression de celle-ci. Cependant, l'impression d'une substance séparée dans l'âme séparée est faible et très limitée. Par conséquent, l'âme séparée ne pourrait pas comprendre pleinement les substances séparées.

> Ensuite, Saint Thomas présente un argument d'autorité selon lequel l'âme qui n'est pas unie au corps peut comprendre ou connaître les substances séparées

L'argument d'autorité avancé contre les onze arguments précédents repose sur le principe que «ce qui est semblable est connu par ce qui est semblable» (en latin, *simile a simili cognoscitur*). Cela signifie que pour qu'une chose soit connue, il doit y avoir une affinité ou une ressemblance entre le connaisseur et ce qui est connu.

La conclusion de l'argument est que l'âme séparée, étant une *substantia separata* (c'est-à-dire une substance existant indépendamment du corps), devrait avoir la capacité de connaître d'autres substances séparées (comme les anges ou les réalités immatérielles). Puisque l'âme séparée partage avec ces autres substances la qualité d'être indépendante de la matière, l'affinité entre elles devrait permettre à l'âme de les comprendre.

> Ensuite, Saint Thomas offre sa propre réponse à la Question soulevée

Saint Thomas répond que, conformément aux enseignements de la foi, il est raisonnable d'affirmer que les âmes séparées peuvent connaître les substances séparées, c'est-à-dire les anges et les démons, dans la compagnie desquels elles sont destinées, soit pour leur bien, soit pour leur mal. Il ne semble pas probable que les âmes des damnés ignorent les démons, avec lesquels elles partagent la compagnie et qui leur sont terribles ; il est encore moins probable que les âmes des bienheureux ignorent les anges, dont la présence leur cause de la joie. Cette connaissance des substances séparées par les âmes séparées est raisonnable.

Pendant son union avec le corps, l'âme humaine est orientée vers les réalités inférieures en raison de sa relation avec le corps, de sorte que sa connaissance se complète uniquement par les espèces obtenues des *phantasmata*. Ainsi, l'âme ne peut se connaître elle-même et connaître les autres que dans la mesure où elle est guidée par ces espèces. Cependant, lorsque l'âme se sépare du corps, son orientation ne dépend plus de ce qui est inférieur et elle est capable de recevoir directement l'influence des substances supérieures sans la médiation des *phantasmata*, qui ne seront plus présents. De cette manière, l'âme se réalise par cette influence, ce qui lui permet de se connaître elle-même de manière directe, en contemplant sa propre essence, et non de manière indirecte, comme cela se produit lorsqu'elle est unie au corps.

L'essence de l'âme appartient au genre des substances séparées intellectuelles, et bien qu'elle occupe le niveau le plus bas dans ce genre, elle partage avec elles le mode d'existence, puisque toutes sont des formes subsistantes. De même qu'une substance séparée peut connaître une autre en contemplant sa propre essence, dans laquelle se trouve une ressemblance de l'autre substance par l'influence reçue d'elle ou d'une cause supérieure commune, de même l'âme séparée, en contemplant sa propre essence, peut connaître les substances séparées selon l'influence reçue d'elles ou d'une cause supérieure, c'est-à-dire Dieu. Cependant, cette connaissance ne sera pas aussi parfaite que celle que les substances séparées ont entre elles, car l'âme occupe le niveau le plus bas parmi elles et reçoit donc l'émanation de la lumière intelligible de manière limitée.

> Ensuite, saint Thomas répond à chacun des onze arguments exposés initialement, qui soutenaient que l'âme séparée du corps ne peut comprendre ou connaître les substances séparées

1- L'âme unie au corps est, en un certain sens, plus parfaite que l'âme séparée, en relation avec la nature de l'espèce, mais l'âme séparée possède une perfection dans l'acte de comprendre qu'elle ne peut avoir tant qu'elle est unie au corps.

2- Il est question de la cognition de l'âme séparée dans le contexte de ce qui lui revient par nature ; la cognition des substances séparées est naturelle pour l'âme dans son état séparé, mais pas tant qu'elle est unie au corps.

3- La connaissance la plus élevée que peut atteindre l'âme humaine pendant son existence est la compréhension des substances séparées, mais le corps lui permet d'avancer vers cette connaissance par l'étude et le mérite.

4- L'âme séparée ne connaît pas l'essence de la substance séparée, mais sa spécification et sa similitude ; les espèces qu'elle reçoit sont des influences des réalités plus élevées.

5- La connaissance de l'individuel ne s'oppose pas à l'intellect, sauf dans la mesure où elle est déterminée par la matière ; les substances séparées peuvent être comprises dans leur nature essentielle.

6- L'imagination et l'intellect humain sont plus compatibles entre eux que l'intellect humain et l'intellect angélique, bien que les deux coïncident dans le domaine de l'intelligible.

7- Les âmes condamnées sont désordonnées par rapport au dernier but ; elles peuvent comprendre beaucoup de vérités, mais pas la vérité suprême qui est Dieu.

8- Le véritable bonheur de l'être humain réside dans la connaissance de Dieu, et non dans celle des créatures ; les condamnés, bien qu'ils sachent des choses que nous ignorons, sont plus éloignés du véritable bonheur.

9- Le mode de connaissance de l'âme séparée d'elle-même est différent de celui qu'elle a lorsqu'elle est unie au corps, permettant une compréhension plus claire de son essence.

10- Les âmes séparées peuvent connaître plus clairement ce qui leur est familier, mais cela n'implique pas qu'elles puissent voir Dieu par sa nature ou son essence.

11- Bien que les impressions des substances séparées dans l'âme séparée soient reçues de manière défectueuse, cela n'implique pas qu'elles ne puissent pas les connaître, mais qu'elles les connaissent de manière imparfaite.

18. QUESTION 18 : Si l'âme, séparée du corps, connaît toutes les choses naturelles

> Sainte Thomas expose seize arguments de différents auteurs, selon lesquels il semble que l'âme séparée du corps ne connaisse pas toutes les choses naturelles

1- Selon saint Augustin, les démons connaissent beaucoup de choses par l'expérience d'un long temps, ce que l'âme ne possède pas immédiatement après la séparation. Étant donné que les démons ont un intellect plus pénétrant que l'âme, il semble que l'âme séparée ne puisse connaître toutes les choses naturelles.

2- Les âmes unies aux corps ne connaissent pas toutes les choses naturelles. Si, en se séparant du corps, elles pouvaient connaître toutes les choses, cela signifierait qu'elles acquièrent une connaissance supplémentaire après la séparation. Certaines âmes ont acquis une connaissance dans cette vie, ce qui impliquerait qu'après la séparation, elles auraient une connaissance double, ce qui semble impossible.

3- Aucune puissance finie ne peut comprendre l'infini. Étant donné que l'essence de l'âme séparée est finie, elle ne peut connaître tous les aspects infinis des choses naturelles, comme les espèces de nombres, de figures et de proportions, qui sont infinies.

4- Toute connaissance se produit par l'assimilation entre le connaisseur et ce qui est connu. Mais comme l'âme séparée est immatérielle, il semble impossible qu'elle s'assimile aux choses naturelles, qui sont matérielles. Par conséquent, il est peu probable que l'âme puisse connaître les choses naturelles.

5- L'intellect possible ressemble à la matière première dans le domaine du sensible, car cette dernière ne peut recevoir qu'une seule forme à un moment donné. Par conséquent, l'intellect possible séparé ne pourrait recevoir qu'un seul type de connaissance, et ne pourrait pas connaître toutes les choses naturelles à la fois.

6- Les choses qui ont des espèces différentes ne peuvent être similaires dans l'espèce à un même sujet. Puisque la cognition se produit par l'assimilation de l'espèce, une seule âme séparée ne peut connaître toutes les choses naturelles, qui sont de diverses espèces.

7- Si les âmes séparées connaissent toutes les choses naturelles, elles devraient posséder en elles-mêmes les formes qui sont des ressemblances des réalités naturelles. Si elles ne connaissaient que des genres et des espèces, elles ne connaîtraient pas les individus, qui sont la plus grande manifestation de la nature. Si elles connaissaient les individus, cela signifierait qu'elles possédaient des formes infinies, ce qui est impossible.

8- Il est soutenu que les âmes séparées ont des ressemblances de genres et d'espèces et qu'elles peuvent les appliquer aux individus. Cependant, l'entendement universel ne peut s'appliquer au particulier qu'il ne connaît plus. Ainsi, les individus resteraient inconnus pour l'âme séparée.

9- Là où il y a connaissance, il doit y avoir un ordre entre le connaisseur et ce qui est connu. Les âmes des condamnés manquent d'ordre, car on dit que l'enfer ne connaît pas d'ordre, mais seulement une horreur éternelle. Par conséquent, du moins les âmes des condamnés ne connaîtraient pas les choses naturelles.

10- Saint Augustin affirme que les âmes des morts ne peuvent connaître ce qui se passe sur Terre. Les choses naturelles sont celles qui se produisent ici, donc les âmes des morts ne connaissent pas les choses naturelles.

11- Tout ce qui est en puissance est réduit à l'acte par ce qui est en acte. Tant que l'âme humaine est unie au corps, elle est en puissance par rapport à de nombreuses choses qu'elle peut connaître, mais elle ne les connaît pas toutes. Si après la séparation elle connaît toutes les choses naturelles, cela doit se faire par quelque chose qui lui permet de connaître, comme l'intellect agent, qui ne peut lui faire comprendre tout ce qu'elle n'a pas connu auparavant.

12- On pourrait argumenter que l'âme ne réduit pas la compréhension de toutes les choses naturelles par l'intellect agent, mais par une substance supérieure. Cependant, cela ne serait pas une connaissance naturelle, mais quelque chose d'artificiel. L'action naturelle d'un agent connaturel est nécessaire, et l'intellect agent est le seul qui puisse agir naturellement en relation avec l'intellect possible humain.

13- Si l'âme séparée se réduit à la compréhension de toutes les choses naturelles, cela doit être par Dieu ou par un ange. Cependant, un ange ne peut être la cause naturelle de l'âme elle-même. De plus, il ne semble pas approprié que les âmes des condamnés reçoivent une perfection telle qu'elles connaissent toutes les choses naturelles après la mort.

14- La perfection maximale de tout être en puissance est d'être réduit à l'actualité dans tout ce qu'il peut être. Si l'âme séparée connaît toutes les choses naturelles, il semble que chaque substance séparée devrait atteindre sa perfection maximale simplement par sa séparation du corps, ce qui semble incohérent.

15- La connaissance implique du plaisir. Si les âmes séparées connaissent toutes les choses naturelles, on s'attendrait à ce que les âmes des condamnés éprouvent une grande joie, ce qui ne semble pas approprié.

16- Isaïe est cité, disant que les morts ne savent pas ce que font les vivants. Comme ce qui se passe entre les vivants sont des choses naturelles, cela implique que les âmes séparées ne connaissent pas toutes les choses naturelles.

> Ensuite, saint Thomas expose dix arguments d'autorité selon lesquels l'âme séparée du corps comprend ou connaît toutes les choses naturelles. À chacun de ces dix arguments, le Docteur Angélique ajoutera, soit en

> corrigeant, soit en élargissant les concepts, des observations acérées. Pour faciliter la lecture, nous avons placé ces observations de l'Aquinate juste après chaque argument. Dans le texte du traité, elles figurent à la fin de la Question 18

1- Argument de la connexion entre l'âme séparée et les substances séparées. Il est soutenu que l'âme séparée connaît les substances séparées, et puisque dans ces substances se trouvent les espèces de toutes les choses naturelles, on conclut que l'âme séparée connaît toutes les choses naturelles.

Observe le Docteur Angélique : L'âme séparée ne comprend pas parfaitement la substance séparée. Par conséquent, il n'est pas nécessaire qu'elle connaisse tout ce qui s'y trouve par la similitude. Cela implique que l'intellect de l'âme est limité par rapport à la plénitude de la substance séparée.

2-Objection à la limitation de l'intelligence. Bien qu'on puisse soutenir que celui qui voit une substance séparée ne voit pas nécessairement toutes les espèces dans son intelligence, cela entre en contradiction avec l'affirmation de Grégoire selon laquelle ceux qui voient Dieu (qui voit toutes choses) voient également les choses que les anges voient, ce qui implique que ceux qui voient les anges comprennent aussi les choses qu'ils connaissent.

Observe le Docteur Angélique : Il est accepté que l'affirmation de Grégoire sur la connaissance de Dieu soit valide en ce qui concerne l'objet intelligible, puisque Dieu représente tout ce qui est intelligible. Cependant, il n'est pas nécessaire que celui qui voit Dieu sache tout ce qu'Il sait, à moins qu'il ne le comprenne entièrement, comme Dieu se comprend Lui-même. Cela met en lumière la différence entre connaître Dieu et comprendre pleinement ce qu'Il connaît.

3-Intelligibilité de la substance séparée. Il est affirmé que l'âme séparée connaît la substance séparée dans son aspect intelligible, ce qui implique que, tout comme elle comprend la substance, elle doit également comprendre les espèces intelligibles qui se trouvent dans son intelligence.

Observe le Docteur Angélique : Les espèces qui sont dans l'intellect des anges sont intelligibles pour leur propre nature, mais pas nécessairement pour l'intellect de l'âme séparée. Cela indique que la compréhension de chaque être est différente et que l'âme séparée ne peut pas accéder au même niveau de connaissance que les anges.

4-Identité entre ce qui est compris et l'intelligence. Selon cet argument, ce qui est compris en acte est la forme de celui qui comprend, de sorte que si l'âme séparée comprend la substance séparée, on peut conclure qu'elle comprend aussi toutes les choses naturelles qui en découlent.

Observe le Docteur Angélique : Bien qu'il soit affirmé que ce qui est compris est la forme du sujet qui comprend, cela ne signifie pas que l'âme séparée, en comprenant la substance séparée, comprenne aussi ce qui est dans son intellect, car elle n'a pas une compréhension complète de cette substance.

5-Relation entre les intelligibles supérieurs et inférieurs. Si quelqu'un connaît les intelligibles les plus grands, il doit aussi connaître les plus petits. Ainsi, si l'âme séparée comprend les substances séparées, qui sont très intelligibles, elle devrait aussi comprendre d'autres intelligibles plus petits.

Observe le Docteur Angélique : Bien que l'âme séparée puisse connaître d'une certaine manière les substances séparées, cela n'implique pas qu'elle connaisse toutes les choses de manière parfaite, car elle ne connaît même pas complètement les substances séparées elles-mêmes. Cela limite sa capacité de compréhension à un niveau imparfait.

6-Potentiel et acte de l'intelligence. Il est établi que si quelque chose est en puissance par rapport à de nombreuses choses, il est réduit à l'acte par un principe actif qui les a en acte. Puisque l'intellect possible de l'âme est en puissance par rapport à tous les intelligibles et que la substance séparée est en acte par rapport à eux, on conclut que l'âme séparée comprend toutes les choses naturelles.

Observe le Docteur Angélique : L'âme séparée peut être amenée à comprendre toutes les choses intelligibles par une substance supérieure, mais cette compréhension est seulement universelle et non parfaite, comme mentionné précédemment. Cela indique qu'il y a une connaissance générale mais non détaillée.

7-Modèles des inférieurs. Selon le Pseudo-Denys l'Aréopagite, les êtres supérieurs sont des modèles pour les inférieurs. Comme les substances séparées sont supérieures aux choses naturelles, on en déduit que les âmes séparées, en contemplant ces substances, connaissent toutes les choses naturelles.

Observe le Docteur Angélique : Bien que les substances séparées puissent être vues comme des modèles de toutes les choses naturelles, cela n'implique pas qu'en connaissant ces substances, toutes les choses soient connues, à moins que ces substances ne soient comprises dans leur totalité. Cela renforce l'idée que la connaissance est incomplète.

8-Connaissance à travers des formes infuses. Il est soutenu que les âmes séparées connaissent les choses à travers des formes infuses, qui représentent l'ordre de l'univers. Par conséquent, les âmes séparées connaissent tout l'ordre de l'univers et, par conséquent, toutes les choses naturelles.

Observe le Docteur Angélique : L'âme séparée connaît à travers des formes infuses, mais ces formes ne représentent pas les formes de l'ordre de l'univers de manière spécifique, mais seulement de manière générale. Cela limite la connaissance de l'âme à un niveau plus abstrait et moins concret.

9-Présence de l'inférieur dans le supérieur. Tout ce qui existe dans la nature inférieure se trouve d'une manière ou d'une autre dans le supérieur. Puisque l'âme séparée est supérieure aux choses naturelles et se connaît elle-même, on conclut qu'elle connaît aussi toutes les choses naturelles.

Observe le Docteur Angélique : Les choses naturelles existent d'une certaine manière tant dans les substances séparées que dans l'âme. Cependant, dans les substances séparées, elles sont en acte et dans l'âme, elles sont en puissance, ce qui signifie que l'âme a le potentiel de comprendre toutes les formes naturelles, mais ne les possède pas de manière actuelle.

10-Connaissance dans le récit de Lazare et du riche. Il est soutenu que le récit de Luc sur Lazare et le riche n'est pas une parabole, mais un fait réel. Dans cette histoire, il est dit que le riche en enfer reconnut Abraham, qu'il ne connaissait pas auparavant. De là, on déduit que les âmes séparées, y compris celles des damnés, peuvent connaître certaines choses qu'elles n'ont pas connues de leur vivant, ce qui suggère qu'elles peuvent connaître toutes les choses naturelles.

Observe le Docteur Angélique : Il est mentionné que l'âme d'Abraham était une substance séparée, et donc l'âme du riche pouvait la reconnaître, ainsi que d'autres substances séparées. Cela implique que la reconnaissance entre âmes séparées est possible, suggérant une capacité de connaissance qui peut transcender l'expérience terrestre.

> Ensuite, Saint Thomas offre sa propre réponse à la question soulevée

Sainte Thomas répond à la question posée en affirmant que l'âme séparée comprend tous les êtres naturels, mais de manière relative et non absolue. Pour clarifier cela, il indique qu'il existe un ordre dans les choses : ce qui se trouve dans la nature inférieure est aussi présent de manière plus excellente dans la nature supérieure. Par exemple, des qualités telles que la chaleur et le froid sont spécifiques aux êtres générables et corruptibles, mais elles se manifestent de manière universelle dans les corps célestes. De même, les formes des corps matériels existent de manière particulière dans ces corps, tandis que dans les substances intellectuelles, elles existent de manière immatérielle et universelle.

Sainte Thomas mentionne que dans l'univers, tout ce qui existe se trouve de manière plus parfaite en Dieu, où les formes et les natures sont unies et simples. Il explique que dans la création, ce qui se manifeste est l'être des choses à travers la Parole de Dieu, et que ces formes sont comprises par les intelligences angéliques, qui les saisissent dans leur pureté et leur universalité.

L'auteur souligne que la connaissance des espèces des choses fait partie de la perfection de l'entendement, tandis que la connaissance des individus ne l'est pas dans la même mesure. Les individus sont significatifs seulement dans la mesure où ils préservent les espèces que la nature cherche à générer. Par conséquent, l'âme séparée, bien qu'elle ait une compréhension parfaite, ne l'a pas dans le même degré. Les substances supérieures ont des formes plus unies et universelles, tandis que les inférieures sont plus nombreuses et moins universelles, se rapprochant de la particularité.

La capacité intellectuelle de l'âme humaine, qui est la plus basse parmi les substances intellectuelles, s'unit au corps pour recevoir les formes des êtres matériels. Ainsi, l'âme humaine peut comprendre les espèces intelligibles par son union avec le corps, tandis que, étant séparée, elle ne peut saisir que des influences de formes universelles. Bien que cette réception soit moins universelle que dans les substances supérieures, elle n'a pas la puissance nécessaire pour obtenir une connaissance parfaite et spécifique de chaque chose, son entendement restant dans une universalité et une confusion similaires à celles des principes universels.

Les âmes séparées acquièrent cette connaissance de manière subite, comme une influence, et non par un apprentissage graduel. Ainsi, il est conclu que les âmes séparées ont une connaissance universelle de tous les êtres naturels, bien qu'elle ne soit pas spécifique à chaque individu. De plus, il existe une distinction par rapport à la connaissance que possèdent les âmes des saints par grâce, ce qui les rend comparables aux anges en voyant toutes les choses dans le Verbe.

> Sainte Thomas répond ensuite à chacun des seize arguments selon lesquels il semble que l'âme séparée du corps ne comprenne pas ou ne connaisse pas toutes les choses naturelles

1- Selon saint Augustin, les démons connaissent les choses de trois manières : par la révélation des bons anges, par l'acuité de leur propre intellect et par une expérience prolongée. Cela suggère que leur connaissance est limitée à certaines sources et n'est pas absolue.

2- Ceux qui ont acquis la connaissance dans cette vie ont une compréhension déterminée de ce qu'ils ont appris et une connaissance plus floue d'autres aspects. Par conséquent, il n'est pas contradictoire que les deux types de connaissance existent en eux.

3- La raison présentée ne concerne pas le sujet en question, car il n'est pas affirmé que l'âme séparée connaisse toutes les choses naturelles de manière spécifique, ce qui permet l'existence d'un nombre infini d'espèces dans des nombres et des proportions.

4- Les formes des choses matérielles existent de manière immatérielle dans les substances immatérielles, établissant ainsi une relation entre les deux en termes de raisons des formes, bien qu'elles ne coïncident pas dans leur mode d'existence.

5- La matière première ne se rapporte aux formes que de deux manières : en pure puissance ou en acte pur. Les formes naturelles agissent immédiatement lorsqu'elles sont dans la matière, tandis que l'intellect possible se rapporte aux espèces intelligibles de plusieurs manières.

6- Une substance connaissante peut être assimilée de deux manières : selon son être naturel ou selon son être intelligible, permettant ainsi d'assimiler diverses espèces intelligibles.

7- Les âmes séparées ne connaissent pas seulement des espèces, mais aussi des individus, bien que pas tous, ce qui signifie qu'elles n'ont pas besoin de contenir des espèces infinies.

8- L'application de la connaissance universelle au particulier ne cause pas la connaissance du particulier, mais en est une conséquence.

9- Le bien consiste en mode, espèce et ordre ; dans les âmes damnées, il n'y a pas de bien de grâce, seulement de nature, et elles n'ont donc pas l'ordre nécessaire pour ce type de connaissance.

10- Saint Augustin se réfère aux singuliers qui se produisent ici-bas et qui ne relèvent pas de la connaissance intelligible.

11- L'intellect possible ne peut atteindre la connaissance de toutes les choses naturelles seulement par l'intellect agent, mais par une substance supérieure qui possède la connaissance complète.

12- La réponse à cet argument découle de ce qui précède.

13- Les âmes séparées reçoivent leur perfection de Dieu par l'intermédiaire des anges, qui leur transmettent non seulement des perfectionnements naturels, mais aussi ceux relatifs aux mystères de la grâce.

14- Une âme séparée, ayant une connaissance universelle des êtres naturels, n'est pas parfaitement en acte, car connaître quelque chose en termes universels implique une connaissance imparfaite et potentielle.

15- Les damnés se attristent de la connaissance qu'ils ont, car ils sont conscients de leur privation du bien suprême auquel ils étaient orientés.

16- La glosse se réfère aux êtres particuliers qui ne contribuent pas à la perfection de la connaissance intelligible.

19. QUESTION 19 : Si les puissances sensitives demeurent dans l'âme séparée

> Saint Thomas expose vingt arguments de différents auteurs, selon lesquels il semble que les puissances sensitives demeurent dans l'âme séparée

1- Les puissances de l'âme sont essentielles ou des propriétés naturelles. Étant donné que rien ne peut se séparer de son essence ou de ses propriétés naturelles, les puissances sensitives doivent demeurer dans l'âme séparée.

2- Si l'on dit que les puissances sensitives demeurent dans l'âme séparée seulement comme en racine (potentiellement), cela implique qu'elles ne sont pas en acte. Cependant, les essences et les propriétés doivent être en acte dans la substance. Par conséquent, les puissances sensitives ne peuvent être dans l'âme séparée seulement comme potentielles.

3- Saint Augustin affirme qu'en se séparant du corps, l'âme emporte avec elle le sens et l'imagination, qui appartiennent à la partie sensitive. Cela indique que les puissances sensitives demeurent dans l'âme séparée.

4- Un tout ne peut être considéré comme complet s'il lui manque des parties. Étant donné que les puissances sensitives sont des parties de l'âme, si elles ne demeurent pas dans l'âme séparée, celle-ci ne serait pas entière.

5- L'homme est défini par sa raison et son intellect, tandis que l'animal l'est par sa capacité à sentir. Si les puissances sensitives ne demeurent pas dans l'âme séparée, le sens de l'homme ressuscité ne serait pas le même, ce qui contredirait l'idée de la résurrection.

6- Saint Augustin mentionne que les âmes en enfer ont des visions semblables à celles des endormis, ce qui implique que ces visions sont le produit de l'imagination, qui appartient à la partie sensitive. Ainsi, les puissances sensitives sont dans l'âme séparée.

7- La joie et la colère sont des émotions du domaine concupiscible et irascible. Si dans les âmes séparées il y a de la joie (pour les bons) et de la douleur (pour les méchants), alors les puissances sensitives doivent aussi exister en elles.

8- Le Pseudo-Denys l'Aréopagite décrit les maux du démon comme une fureur irrationnelle et une concupiscence. Étant donné que ces caractéristiques sont propres aux puissances sensitives, il en résulte que ces puissances sont aussi présentes dans les âmes séparées.

9- Saint Augustin mentionne que l'âme peut sentir sans corps, éprouvant des émotions comme la joie et la tristesse. Cela suggère que la capacité à sentir est présente dans l'âme séparée.

10- Dans le Livre des Causes, il est affirmé qu'il y a des choses sensibles dans toute âme. Puisque ces choses sont perçues parce qu'elles sont dans l'âme, on en conclut que l'âme séparée a aussi la capacité de sentir.

11- Saint Grégoire soutient que le récit du riche Épulon n'est pas une parabole, ce qui indique que l'âme séparée voit et entend. Cela montre que les puissances sensitives sont dans l'âme séparée.

12- L'âme sensitive et rationnelle est la même substance. Si l'une ne peut exister sans l'autre, alors les puissances sensitives doivent demeurer dans l'âme rationnelle séparée.

13- Ce qui se perd à la mort ne peut être retrouvé de manière identique. Si les puissances sensitives ne demeurent pas dans l'âme séparée, elles ne pourront pas ressurgir dans le même état, ce qui contredirait la résurrection.

14- La justice divine répond aux mérites et démérites humains, qui se manifestent à travers les actions des puissances sensitives. Cela implique

que ces puissances doivent exister dans les âmes séparées pour que l'on puisse leur accorder des récompenses ou des châtiments.

15- La puissance est le principe de l'action ou de la passion. L'âme est le principe des opérations sensitives, ce qui implique que les puissances sensitives doivent demeurer dans l'âme, car elles ne peuvent pas se corrompre sans la corruption du sujet.

16- La mémoire appartient à la partie sensitive. Si la mémoire est présente dans l'âme séparée, comme le montre le récit du riche Épulon, cela indique que les puissances sensitives sont dans l'âme séparée.

17- Les vertus et vices demeurent dans les âmes séparées, et certains d'entre eux sont dans la partie sensitive. Par conséquent, les puissances sensitives doivent demeurer dans l'âme séparée.

18- Il y a eu des cas de ressuscités affirmant avoir vu des choses imaginaires (maisons, champs, rivières). Cela suggère que les âmes séparées utilisent l'imagination, qui appartient à la partie sensitive.

19- Les sens contribuent à la connaissance intellectuelle. Si la capacité de sentir se perfectionne dans l'âme séparée, cela suggère que les puissances sensitives doivent aussi être présentes en elle.

20- Aristote indique qu'un vieillard qui reçoit un œil jeune verra comme un jeune. Cela suggère que les puissances sensitives ne sont pas affectées par la faiblesse des organes, donc elles ne disparaîtraient pas à la mort, ce qui implique qu'elles demeurent dans l'âme séparée.

> Ensuite, Saint Thomas expose quatre arguments d'autorité selon lesquels les puissances sensitives ne demeurent pas dans l'âme séparée

1- Argument de la perpétuité et de la corruption. *Le Philosophe* affirme que seule ce qui est perpétuel peut se séparer de ce qui est corruptible. Les puissances sensitives, étant des fonctions de l'âme qui dépendent de la corporalité, ne peuvent exister séparément, car leur nature est intrinsèquement liée à la matière. Par conséquent, ne étant pas perpétuelles, les puissances sensitives ne peuvent demeurer dans l'âme une fois qu'elle se sépare du corps.

2- Dépendance des opérations des puissances sensitives. *Le Philosophe* établit que les opérations des puissances qui nécessitent un corps ne peuvent exister sans lui. Les puissances sensitives opèrent à travers des organes corporels et, si ces opérations ne peuvent être menées à bien sans le corps, on en déduit que les puissances elles-mêmes ne peuvent exister sans lui. Par conséquent, les puissances sensitives ne peuvent demeurer dans l'âme séparée.

3- Opérations propres des puissances. Saint Jean Damascène enseigne qu'aucune chose ne peut être privée de sa propre opération. Si les puissances sensitives demeuraient dans l'âme séparée, elles devraient posséder leurs propres opérations. Cependant, étant donné que ces puissances dépendent de la corporalité pour agir, leur existence dans l'âme séparée serait contradictoire et, par conséquent, impossible.

4- Frustration de la puissance. Il est argumenté qu'il serait absurde qu'une puissance existe sans pouvoir être mise en action, car dans les œuvres de Dieu, il n'y a pas de place pour la frustration. Les puissances sensitives, nécessitant un corps pour agir, ne pourraient subsister dans une âme séparée, où elles ne peuvent accomplir leurs fonctions. L'absence de capacité à accomplir des actions signifierait que ces puissances seraient inutiles et futiles dans le contexte de l'âme séparée, ce qui contredit la perfection de l'œuvre divine.

> Ensuite, Saint Thomas offre sa propre réponse à la Question soulevée

Dans ce texte, Saint Thomas argue que ces puissances ne sont pas essentielles à l'âme elle-même, mais qu'elles sont des propriétés naturelles qui dérivent de son essence. Il soutient que les puissances sensitives ne font pas partie de l'essence de l'âme, mais qu'elles en sont des propriétés qui en découlent. Cela signifie que les puissances sont liées à la nature de l'âme, mais ne sont pas sa substance fondamentale.

Il est expliqué qu'un accident, comme les puissances, peut se corrompre de deux manières : par l'action d'un contraire ou par la corruption de son sujet. Puisque les puissances de l'âme n'ont pas de contraire inhérent, elles ne peuvent être détruites que lorsque leur sujet, qui est le corps, se corrompt. Cela établit que, si les puissances sensitives se détruisent, c'est uniquement par la corruption du corps.

Pour comprendre si les puissances sensitives continuent d'exister dans l'âme séparée ou si elles se corrompent avec le corps, il est essentiel de considérer ce qui constitue le sujet de ces puissances. Saint Thomas souligne que le sujet doit être quelque chose qui peut agir ou souffrir ; c'est-à-dire, il doit être un être capable d'action ou de passion.

De plus, Saint Thomas discute des différentes positions sur les opérations sensorielles. Les néo-platoniciens, par exemple, soutiennent que l'âme sensitive a une opération propre et qu'elle peut se mouvoir elle-même, se séparant de l'action sur le corps. Ils proposent une distinction entre les opérations intérieures, qui sont propres à l'âme, et les extérieures, qui dépendent du corps. Cependant, Saint Thomas réfute cette position, arguant que les puissances sensitives ne peuvent opérer indépendamment du corps et, par conséquent, ne peuvent avoir d'existence séparée.

Enfin, il conclut que les puissances sensitives existent dans le composé, c'est-à-dire dans l'union de l'âme et du corps, comme dans leur sujet, mais elles dérivent de l'essence de l'âme en tant que principe. Lorsque le corps est détruit, les puissances sensitives sont aussi détruites, bien qu'elles demeurent dans l'âme comme leur racine ou principe. Par conséquent, les puissances sensitives ne sont pas indépendantes du corps et ne peuvent demeurer dans l'âme séparée de manière active.

> Ensuite, Saint Thomas répond à chacun des vingt arguments selon lesquels il semble que les puissances sensitives demeurent dans l'âme séparée

1- Les puissances sensitives ne font pas partie de l'essence de l'âme. Saint Thomas établit que les puissances sensitives sont des propriétés naturelles qui dépendent de l'âme en tant que principe, mais ne sont pas essentielles à son existence. Cela signifie que, bien que les puissances dérivent de l'essence de l'âme, elles ne font pas partie de sa constitution fondamentale.

2- Les puissances dans l'âme séparée sont comme des racines. Il est argumenté que les puissances sensitives dans l'âme séparée existent de manière potentielle, et non actuelle. L'âme séparée peut être vue comme capable de manifester à nouveau ces puissances si elle se réunit à un corps, de la même manière qu'une plante peut croître à partir de sa racine.

3- Authenticité d'une autorité citée. Saint Thomas rejette la validité d'une citation attribuée à Saint Augustin, arguant que le texte en question ne lui appartient pas réellement. Il suggère que la citation pourrait être interprétée de manière à reconnaître les puissances dans l'âme séparée non comme existantes, mais comme potentielles.

4- Nature des puissances de l'âme. Il est précisé que les puissances de l'âme ne sont pas des parties essentielles, mais qu'elles sont potentielles. Certaines puissances sont inhérentes à l'âme elle-même, tandis que d'autres sont présentes dans le composé de l'âme et du corps.

5- Différenciation du sens. Il est fait une distinction entre le sens comme principe de l'âme sensitive et le sens comme puissance. Dans le contexte humain, le sens en tant qu'essence de l'âme sensitive et rationnelle est le même, de sorte que l'être humain ressuscité conserve son identité, bien que les propriétés et accidents puissent ne pas être les mêmes.

6- Rétractation d'une position sur l'Enfer. Saint Thomas se réfère à la rétractation de Saint Augustin sur la nature de l'Enfer, suggérant que tout argument lié à l'Enfer doit également être réévalué à la lumière de cette rétractation.[10]

7- Émotions dans l'âme séparée. Il est expliqué que dans l'âme séparée, il n'existe pas d'émotions telles que la joie ou la colère sous leur forme sensitive, car elles sont inhérentes à la partie sensitive. Cependant, des mouvements de la volonté peuvent exister, qui appartiennent à la partie intellectuelle.

8- Le mal et les démons. Il est discuté que le mal chez les démons ne doit pas être compris en termes d'émotions sensibles, mais plutôt comme des qualités qui correspondent à leur nature intellectuelle, en utilisant le terme «mal» de manière analogique.

9- Sens sans organes corporels. Saint Thomas clarifie que les affirmations selon lesquelles l'âme peut sentir sans corps ne signifient pas une perception sensitive sans organes, mais qu'elles se réfèrent à des sentiments tels que la peur et la tristesse qui ne dépendent pas directement de l'interaction avec des objets physiques.

10- Incorporation des objets dans l'âme séparée. Il est argumenté que les objets sensibles ne sont pas dans l'âme séparée de manière sensible, mais sont perçus de manière intelligible.

11- Métaphores dans les Écritures. Il est mentionné que certaines descriptions dans les Évangiles sont métaphoriques, comme les visions de Lazare, ce qui implique qu'il ne faut pas prendre au sens littéral que l'âme séparée perçoit par les sens.

12- Substance de l'âme après la mort. Il est soutenu que l'essence de l'âme sensitive persiste après la mort, mais les puissances sensitives ne le font pas.

13- Relation entre les puissances et le corps. Saint Thomas compare les puissances sensitives au sens, affirmant qu'elles ne sont pas des actes du corps en soi, mais qu'elles dépendent de l'âme comme principe, et que la résurrection ne nécessite pas un nouvel organe sensoriel.

14- Récompense et mérite. Il est expliqué que la récompense dans l'au-delà ne nécessite pas que toutes les actions soient reconstituées, mais que l'essentiel est qu'elles soient rappelées par Dieu, évitant ainsi la nécessité de revivre des expériences douloureuses.

15- L'âme comme principe de la perception. Il est souligné que l'âme est le principe de la perception, non pas comme un être qui ressent, mais comme le principe qui permet la sensation à travers les puissances.

16- Mémoire dans l'âme séparée. La mémoire dans l'âme séparée n'est pas la même que la partie sensitive, mais appartient à la partie intellectuelle, considérée comme une partie de l'image de Dieu.

17- Vertus et vices dans l'âme séparée. Il est argumenté que les vertus et les vices associés à la partie irrationnelle de l'âme ne persistent pas dans l'âme séparée, sauf leurs principes dans la volonté et la raison.

18- Connaissance de l'âme séparée. Il est établi que la connaissance de l'âme séparée n'est pas la même que celle de l'âme unie au corps, car cette dernière nécessite l'imagination. L'âme séparée a une manière propre de connaître.

19- Dépendance de l'intellect du sens. Il est précisé que l'intellect n'a besoin du sens que dans un état de cognition imparfaite, et non dans la perfection qui correspond à l'âme séparée.

20- Affaiblissement des puissances. Enfin, Saint Thomas conclut que les puissances sensitives ne s'affaiblissent pas d'elles-mêmes, mais que leur corruption est un effet indirect de la corruption de l'organisme auquel elles sont liées.

20. QUESTION 20 : Si l'âme séparée du corps connaît les êtres particuliers

> Saint Thomas expose dix-huit arguments de auteurs différents selon lesquels il semble que l'âme séparée du corps ne connaisse pas les êtres particuliers

1- Dans l'âme séparée, il ne reste que l'intellect comme puissance de l'âme. Cependant, l'objet de l'intellect est l'universel, non le singulier. La science se rapporte à l'universel, tandis que le sens se rapporte au singulier, comme le dit Aristote dans *De Anima*. Par conséquent, l'âme séparée ne connaît pas le singulier, mais seulement l'universel.

2- Si l'âme séparée connaît le singulier, ce sera par des formes acquises auparavant pendant qu'elle était dans le corps, ou par des formes qui lui sont infuses. Cependant, elle ne peut pas connaître par des formes acquises auparavant, car certaines de ces formes sont des intentions individuelles qui restent dans les puissances du sens, lesquelles ne peuvent subsister dans l'âme séparée. Les intentions universelles qui résident dans l'intellect sont les seules qui peuvent persister, mais celles-ci ne permettent pas de connaître le singulier. Ainsi, l'âme séparée ne peut pas connaître le singulier par les espèces qu'elle a acquises dans le corps. Il en va de même pour les espèces infuses, car ces espèces se rapportent de la même manière à tous les singuliers. Cela impliquerait que l'âme séparée connaîtrait tous les singuliers, ce qui ne semble pas être vrai.[11]

3- La connaissance de l'âme séparée est entravée par la distance du lieu. Saint Augustin, dans son ouvrage *De cura pro mortuis gerenda*, affirme que les âmes des morts ne peuvent connaître ce qui se passe ici. Cependant, la connaissance donnée par les espèces infuses n'est pas affectée par la distance. Par conséquent, l'âme ne connaît pas le singulier par les espèces infuses.

4- Les espèces infuses se rapportent de la même manière à ce qui est présent et à ce qui est futur, car l'influence des espèces intelligibles n'est pas soumise au temps. Si l'âme séparée connaît le singulier par des espèces infuses, il semblerait qu'elle ne connaîtrait pas seulement ce qui est présent ou ce qui est passé, mais aussi ce qui est futur, ce qui ne peut être, car connaître le futur est exclusif de Dieu, comme il est mentionné dans *Isaïe* 10, 22.

5- Les singuliers sont infinis, tandis que les espèces infuses ne sont pas infinies. Par conséquent, l'âme séparée ne peut pas connaître le singulier par des espèces infuses.

6- Ce qui est indistinct ne peut pas être le principe d'une connaissance distincte. Or, la connaissance du singulier est distincte. Puisque les formes infuses sont indistinctes (universelles), il semble que l'âme séparée ne puisse pas connaître le singulier par elles.

7- Tout ce qui est reçu en quelque chose est reçu selon la nature du récepteur. L'âme séparée est immatérielle, de sorte que les formes infuses sont reçues immatériellement. Cependant, l'immatériel ne peut être le principe d'une connaissance du singulier, qui est individué par la matière. Par conséquent, l'âme séparée ne peut pas connaître le singulier par des formes infuses.

8- On pourrait argumenter que l'âme séparée peut connaître le singulier par des formes infuses, car elles sont des ressemblances des raisons idéales, par lesquelles Dieu connaît à la fois l'universel et le singulier. Cependant, Dieu connaît le singulier en tant que principe d'individuation, qui est la matière. Les formes infuses de l'âme séparée ne sont pas de la matière productive, car cela ne revient qu'à Dieu. Par conséquent, l'âme séparée ne peut pas connaître le singulier par des formes infuses.

9- La similitude de la créature avec Dieu ne peut être par univocité, mais seulement par analogie. Mais la connaissance qui se donne par la similitude analogique est très imparfaite ; c'est comme si quelque chose était connu par un autre, dans la mesure où les deux partagent l'existence. Si l'âme séparée connaît le singulier par des espèces infuses, il semble qu'elle le ferait de la manière la plus imparfaite.

10- Il a été dit plus tôt que l'âme séparée ne connaît pas le naturel par des formes infuses, mais d'une manière confuse et universelle. Cependant, cela ne peut être considéré comme une connaissance. Par conséquent, l'âme séparée ne connaît pas le singulier par des espèces infuses.

11- Les espèces infuses par lesquelles on dit que l'âme séparée connaît le singulier ne sont pas causées immédiatement par Dieu, car, selon Denys, la loi divine est de réduire ce qui est inférieur par l'intermédiaire. Elles ne sont non plus causées par un ange, car un ange ne peut pas causer de telles espèces, puisqu'il n'est créateur de rien. Par conséquent, il semble que l'âme séparée n'ait pas d'espèces infuses par lesquelles elle connaîtrait le singulier.

12- Si l'âme séparée connaît le singulier par des espèces infuses, cela ne peut être que de deux manières : soit en appliquant les espèces aux singuliers, soit en se tournant vers les espèces elles-mêmes. Si elle applique les espèces aux singuliers, il est évident que cette application ne se fait pas en prenant quelque chose des singuliers, car elle n'a pas de puissances sensitives qui puissent en recevoir. Il reste donc que l'application se fait en mettant quelque chose en relation avec les singuliers, et ainsi elle ne connaîtra pas les singuliers eux-mêmes, mais seulement ce qu'elle place en relation avec eux. Si elle connaît les singuliers en se tournant vers les espèces, il en résultera qu'elle ne les connaîtra que telles qu'elles sont dans ces espèces. Cependant, dans les espèces mentionnées, il n'y a pas de singuliers, mais seulement des universels. Par conséquent, l'âme séparée ne connaît pas les singuliers, mais de manière universelle.

13- Aucun être fini ne peut connaître l'infini. Les singuliers sont infinis. Par conséquent, étant donné que la puissance de l'âme séparée est finie, il semble qu'elle ne puisse pas connaître le singulier.

14- L'âme séparée ne peut connaître rien sinon par une vision intellectuelle. Cependant, Saint Augustin, dans son *Super Genesim ad Litteram*, dit qu'à travers la vision intellectuelle, on ne connaît ni les corps ni les ressemblances. Par conséquent, étant donné que les singuliers sont des corps, il semble qu'ils ne puissent pas être connus par l'âme séparée.

15- Là où il y a la même nature, il y a le même mode d'opérer. L'âme séparée a la même nature que l'âme unie au corps. Étant donné que l'âme unie au corps ne peut pas connaître le singulier par l'intellect, il semble que l'âme séparée ne puisse pas le faire.

16- Les puissances se distinguent selon les objets. Mais ce que chaque puissance reçoit, elle le reçoit de manière différente. Par conséquent, les objets sont plus distincts que les puissances. Cependant, le sens ne se transformera jamais en intelligence. Ainsi, ce qui est singulier, c'est-à-dire sensible, ne se transformera jamais en intelligible.

17- La puissance cognitive d'un ordre supérieur se multiplie moins par rapport à ce qui est connaissable dans le même ordre que la puissance d'un ordre inférieur. Le sens commun connaît tout ce qui est perçu par les cinq sens extérieurs. De même, l'ange, avec une seule puissance cognitive, l'intelligence, connaît l'universel et le singulier que l'homme perçoit à travers le sens et l'intelligence. Toutefois, la puissance d'un ordre inférieur ne peut jamais saisir ce qui appartient à un autre ordre qui lui est distinct, comme le sens de la vue ne peut saisir ce qui est l'objet de l'ouïe. Par conséquent, l'intelligence humaine ne pourra jamais saisir ce qui est singulier, qui est l'objet du sens, bien que l'intelligence de l'ange puisse connaître les deux.

18- Dans le *Livre des Causes*, il est dit que l'intelligence connaît les choses en tant qu'elles sont leur cause ou qu'elles les régissent. Cependant, l'âme séparée ne cause pas les singuliers ni ne les régit. Par conséquent, elle ne les connaît pas.

> Ensuite, Saint Thomas expose trois arguments d'autorité, selon lesquels l'âme séparée du corps connaît les êtres particuliers. À chacun de ces trois arguments, le Docteur Angélique ajoutera, soit en corrigeant, soit en élargissant les concepts, des observations percutantes. Pour faciliter la lecture, nous plaçons ces observations de l'Aquinate à la suite de chaque argument. Dans le texte du Traité, elles figurent à la fin de la Question 20

Argument 1. Formation de propositions

L'acte de former des propositions est une fonction exclusive de l'intellect. Lorsque l'âme, même unie au corps, formule une proposition avec un sujet singulier et un prédicat universel (par exemple, "Socrate est un homme"), cela implique que l'âme doit connaître le singulier et sa relation avec l'universel. Cela démontre que l'intellect, en opérant avec les singularités, a la capacité de connaître les êtres particuliers. Par conséquent, l'âme séparée a aussi la capacité de connaître les singularités par l'intellect, puisque la formulation de propositions en est une preuve de cette capacité cognitive.

Observe le Docteur Angélique : L'âme unie au corps peut connaître le singulier, non pas de manière directe, mais par réflexion. C'est-à-dire qu'en comprenant ce qui est intelligible, l'âme réfléchit sur sa propre activité et sur l'espèce intelligible qui donne naissance à son opération. À partir de cette réflexion, elle peut considérer les images *(phantasmata)* et les particuliers, car les images sont des représentations du singulier. Cependant, cette réflexion nécessite l'activité de l'imagination et de la cogitative, qui ne sont pas présentes dans l'âme séparée. Par conséquent, l'âme séparée ne peut connaître le singulier de cette manière.

Argument 2. Comparaison avec les anges

L'âme humaine est inférieure par nature à tous les anges. Cependant, les anges de la hiérarchie inférieure reçoivent des illuminations sur les effets singuliers, contrairement aux anges des hiérarchies supérieures, qui se concentrent sur les raisons universelles des effets. Étant donné que la cognition particulière est plus intense chez les êtres d'ordre inférieur, on en déduit que l'âme séparée, étant d'un ordre inférieur à celui des anges, a une capacité encore plus grande pour connaître les êtres particuliers. Cela renforce l'idée que l'âme séparée a accès à la cognition des singularités.

Observe le Docteur Angélique : Les anges de la hiérarchie inférieure connaissent les raisons des effets singuliers non pas à travers des espèces individuelles, mais par des raisons universelles. Cela est dû à leur grande capacité intellectuelle, qui leur permet de comprendre le singulier à partir de l'universel. Bien que les raisons qu'ils perçoivent soient universelles en elles-mêmes, elles sont considérées comme particulières par rapport aux raisons plus universelles que reçoivent les anges de la hiérarchie supérieure. Cela implique que les anges ont une connaissance plus large et plus profonde que celle de l'âme séparée.

Argument 3. Capacités de l'âme par rapport aux sens

Tout ce qu'une puissance inférieure peut faire, une puissance supérieure peut aussi le faire. Comme le sens, qui est une faculté inférieure à l'intellect, peut connaître les êtres particuliers, on peut conclure que l'âme séparée, en fonctionnant par son intellect, peut aussi connaître les singularités. Cet argument met en avant l'idée que, puisque le sens peut saisir le singulier, l'intellect de l'âme séparée doit être capable d'accomplir cette tâche de manière encore plus efficace.

Observe le Docteur Angélique : Il est affirmé que ce qu'un être de moindre hiérarchie (dans ce cas, le sens) peut faire, un être de hiérarchie supérieure (l'intellect) peut aussi le faire, mais d'une manière plus excellente. C'est-à-dire que les mêmes choses que les sens perçoivent de manière matérielle et singulière, l'intellect les comprend de manière immatérielle et universelle. Cette différence dans la manière de connaître souligne la supériorité de la compréhension intellectuelle par rapport à la perception sensorielle et montre que la compréhension intellectuelle est plus complète que la perception sensorielle.

> Ensuite, Saint Thomas offre sa propre réponse à la Question soulevée

Saint Thomas soutient que l'âme séparée peut connaître certaines singularités, bien que pas toutes. Cette capacité cognitive est liée à la mémoire de ce qu'elle a connu lorsqu'elle était unie au corps, ce qui lui permet de se souvenir des expériences passées et d'éviter que l'âme soit sans conscience. De plus, l'âme séparée peut connaître des singularités même après la séparation, car sinon elle ne pourrait pas éprouver de souffrance, comme le feu de l'Enfer et d'autres peines corporelles. Cependant, elle ne connaît pas toutes les singularités par son savoir naturel, ce qui se manifeste dans le fait que les âmes des défunts ignorent ce qui se passe sur la terre, comme l'indique Saint Augustin.

La question soulève deux difficultés : la première est commune à tous, puisque l'intellect humain semble limité à la connaissance des universaux, ce qui soulève des doutes sur la capacité de Dieu, des anges et des âmes séparées à connaître le singulier. Certains ont même nié que Dieu et les anges aient cette connaissance, ce qui est inacceptable, car cela impliquerait que la providence divine ne s'appliquerait pas aux choses et que le jugement divin sur les actions humaines serait annulé. D'autres suggèrent que Dieu et les anges connaissent les singuliers à partir de la connaissance des causes universelles qui régissent l'ordre de l'univers, puisque rien dans les singuliers ne dérive de ces causes universelles. Cependant, cette notion n'est pas suffisante pour une véritable compréhension du singulier, car même en unissant des universels, on n'atteint jamais le singulier. Par exemple, en parlant d'un "homme blanc et musicien", on ne peut conclure qu'il s'agit d'un individu spécifique, car plusieurs personnes peuvent partager ces caractéristiques.

Bien qu'il y ait ceux qui affirment que les anges et les âmes séparées acquièrent leur connaissance des singuliers directement à partir de ces mêmes singuliers, cette idée est incorrecte. La raison en est qu'il existe une grande différence entre l'intelligible et le matériel ou sensible ; la forme d'une chose matérielle n'est pas immédiatement saisie par l'intellect, mais elle nécessite plusieurs intermédiaires. La forme d'un objet sensible doit passer par différents niveaux avant d'atteindre l'intellect, ce qui empêche les anges ou l'âme séparée de connaître directement les formes des singuliers.

En revanche, les formes qui permettent à l'intellect de connaître sont de deux types : certaines sont causales des choses et d'autres sont reçues d'elles. Les premières permettent une connaissance fondée sur leur capacité à engendrer, tandis que les secondes ne peuvent pas conduire à la connaissance singulière, puisque l'artisan connaît la maison de manière générale, mais ne peut pas l'identifier sans l'aide des sens. De son côté, Dieu, à travers son intellect, produit non seulement la forme qui donne raison de l'universel, mais aussi la matière qui est le principe de l'individuation, ce qui lui permet de connaître aussi bien l'universel que le singulier.

Saint Thomas conclut que les entités séparées, telles que les âmes, peuvent connaître non seulement les universaux, mais aussi les singuliers, car les espèces intelligibles qui émanent de Dieu leur permettent de percevoir les choses selon leur forme et leur matière. Cela n'implique pas que l'âme humaine ait le même niveau de connaissance. Sa connaissance des singuliers est plus limitée et est conditionnée par sa connexion avec le corps, car sa capacité de connaissance est proportionnelle aux formes universelles qu'elle reçoit. Ainsi, l'âme séparée ne connaît pas tous les naturels de manière spécifique et complète, mais dans une universalité confuse. Cependant, elle peut connaître certains singuliers auxquels elle a une relation spéciale ou une inclination, en fonction des impressions qu'elle a reçues au cours de sa vie. Cela montre que l'âme séparée a la capacité de connaître les singularités, bien que de manière partielle et non exhaustive.

> Saint Thomas répond à chacun des dix-huit arguments selon lesquels il semble que l'âme séparée du corps ne connaisse pas les êtres particuliers

1- L'intellect humain connaît à travers des espèces abstraites de la matière, ce qui l'empêche de connaître le singulier, qui dépend de la matière. Cependant, l'intellect de l'âme séparée possède des formes qui lui permettent de connaître le singulier.

2- L'âme séparée ne connaît pas le singulier à travers des espèces préalablement acquises, mais par de nouvelles espèces qu'elle reçoit. Toutefois, cela n'implique pas qu'elle puisse connaître toutes les singularités.

3- L'âme séparée n'est pas limitée par la distance physique pour connaître, mais elle n'a pas la capacité suffisante pour connaître toutes les singularités à travers les formes qu'elle reçoit.

4- Même les anges ne connaissent pas tous les futurs contingents, car ils dépendent des espèces des êtres présents dans leurs causes. Ainsi, ce qui n'existe pas encore dans le présent ne peut être connu d'eux.

5- Les anges connaissent les singularités naturelles à travers une seule espèce, contrairement aux âmes séparées, qui ne peuvent pas connaître toutes les singularités.

6- Si les espèces étaient simplement reçues, elles ne pourraient pas représenter adéquatement le singulier. Les espèces que reçoit l'âme séparée sont idéales et peuvent représenter efficacement le singulier.

7- Bien que les espèces que reçoit l'âme séparée soient immatérielles, elles sont semblables aux choses dont elles proviennent et peuvent distinguer le singulier.

8- Les formes intellectuelles ne créent pas les choses, mais elles sont semblables à celles qui les créent en raison de leur capacité à représenter la réalité.

9- Les formes que reçoit l'âme séparée ne sont pas identiques aux idées dans l'esprit divin, mais cela n'empêche pas que les choses soient connues à travers elles.

10- Les espèces que reçoit l'âme sont déterminées par sa disposition, lui permettant de connaître certaines singularités.

11- Les espèces dans l'âme séparée sont causées par Dieu à travers les anges, ce qui n'empêche pas que certaines âmes soient supérieures à certains anges dans la gloire.

12- L'âme séparée connaît le singulier dans la mesure où ce sont des représentations du singulier, et les applications mentionnées ne sont pas la cause de cette forme de connaissance.

13- Bien que les singularités soient infinies en puissance, elles ne le sont pas en acte. Par conséquent, tant les anges que les âmes séparées peuvent connaître des singularités infinies une à une, de la même manière que notre esprit comprend les nombres infinis.

14- Saint Augustin n'affirme pas que les corps ne sont pas connus par l'intellect, mais que l'intellect n'est pas mû par les corps de la même manière que les sens.

15- Bien que l'âme séparée soit de la même nature que celle unie au corps, sa séparation lui permet d'avoir un accès plus libre aux réalités supérieures et de connaître à travers des formes intellectuelles.

16- Le singulier ne devient pas intelligible par la modification sensorielle, mais par la représentation qu'une forme immatérielle peut offrir.

17- L'âme séparée reçoit des espèces intellectuelles d'une manière qui lui permet de connaître à la fois par la sensation et par l'intellect.

18- Bien que l'âme séparée ne cause ni ne gouverne les choses, elle possède des formes qui sont semblables à celles d'un causeur. Cela se rapporte à la connaissance qu'elle a de la réalité.

21. QUESTION 21 : Si l'âme, séparée du corps, peut souffrir le châtiment du feu corporel

> Saint Thomas expose vingt-deux arguments de divers auteurs selon lesquels il semble que l'âme séparée ne peut pas souffrir de peine par le feu corporel

1- On soutient que rien ne souffre à moins qu'il ne soit en puissance. Comme l'âme séparée n'est en puissance que selon l'intelligence et n'a pas de puissances sensitives, elle ne peut pas souffrir par le feu corporel, car cela pourrait être perçu comme une expérience agréable du point de vue de l'intelligence.

2- On affirme que pour que quelque chose souffre, il doit y avoir une communication dans la matière entre l'agent et le patient. Étant donné que l'âme est immatérielle et que le feu est matériel, ils ne peuvent pas se communiquer, ce qui signifie que l'âme ne peut pas souffrir du feu.

3- On dit que ce qui ne touche pas ne peut pas agir. Le feu ne peut pas toucher l'âme, même dans la dernière quantité, car l'âme est incorporelle. Par conséquent, elle ne peut pas souffrir à cause du feu.

4- On distingue souffrir en tant que sujet (comme le fait le bois avec le feu) et souffrir en tant que contraire. L'âme ne peut pas souffrir du feu en tant que sujet, car cela impliquerait que le feu devienne la forme de l'âme, ce qui est impossible.

5- Il est affirmé qu'il doit y avoir une proportion entre l'agent et le patient. Puisque l'âme et le feu appartiennent à des genres différents, il n'y a pas de proportion, ce qui signifie que l'âme ne peut pas souffrir du feu.

6- On soutient que tout ce qui souffre se meut. L'âme ne se meut pas car elle n'est pas un corps, elle ne peut donc pas souffrir.

7- On soutient que l'âme est plus digne qu'un corps de quintessence, et puisque ce dernier est impassible, l'âme l'est à plus forte raison.[12]

8- On mentionne que l'agent est plus noble que le patient. Comme le feu n'est pas plus noble que l'âme, il ne peut pas agir sur elle.

9- On soutient que bien que l'on puisse dire que le feu agit comme instrument de la justice divine, il n'est pas adapté pour punir l'âme, car il ne correspond pas à la nature du feu.

10- On mentionne que Dieu, étant l'auteur de la nature, n'agit pas contre la nature. Faire agir le corps sur l'incorporel serait contraire à la nature.

11- On soutient que Dieu ne peut pas faire que ce qui est contradictoire soit vrai simultanément. Comme l'impassibilité est essentielle à l'âme, elle ne peut pas souffrir.

12- Il est affirmé que chaque chose agit selon sa propre nature. Le feu n'a pas la puissance d'agir sur le spirituel, et si Dieu lui donnait cette capacité, il cesserait d'être du feu corporel.

13- On soutient que ce qui se fait par vertu divine a une véritable nature. Si l'âme souffrait par le feu, elle devrait le faire selon la nature de la souffrance, ce qui impliquerait qu'elle pourrait recevoir de manière incorporelle, ce qui ne serait pas un châtiment.

14- On dit qu'aucun instrument n'agit de manière instrumentale sans exercer son propre pouvoir. Comme le feu ne peut pas agir sur l'âme de manière naturelle, il ne peut pas être un instrument de justice divine.

15- On réfute l'idée que le feu arrête l'âme. Si l'âme était unie au feu, cela impliquerait que l'âme pourrait lui donner vie, ce qui est impossible.

16- On soutient que ce qui est attaché à quelque chose ne peut pas en être séparé. Pourtant, les esprits condamnés se séparent parfois du feu infernal, ce qui implique qu'ils ne souffrent pas de cette manière.

17- On soutient que ce qui est lié à quelque chose empêche son opération. L'opération propre de l'âme est de comprendre, et cela ne peut être empêché par un lien avec quelque chose de corporel.

18- Si la souffrance de l'âme ne devait être que due à l'arrêt, d'autres choses corporelles devraient être capables de lui causer plus de souffrance que le feu.

19- On mentionne que selon Augustin et Damascène, le feu infernal n'est pas matériel, ce qui soutient l'idée que l'âme ne peut pas souffrir d'un feu corporel.

20- On dit qu'un serviteur est puni pour être corrigé. Pourtant, les condamnés en enfer sont incorrigibles, ils ne devraient donc pas être punis par un feu corporel.

21- On soutient que les peines sont la conséquence d'actions contraires. Étant donné que l'âme s'est soumise aux choses corporelles, elle ne devrait pas être punie par des choses corporelles.

22- Enfin, il est établi que tout comme les récompenses sont données aux justes, elles sont spirituelles et non corporelles. Par conséquent, si le châtiment corporel est mentionné, il doit être interprété de manière métaphorique.

> Saint Thomas expose ensuite un argument d'autorité selon lequel il semble que l'âme séparée puisse souffrir de peine par le feu corporel

Cet argument repose sur l'autorité des Écritures, en particulier sur le passage de l'*Évangile de Matthieu* chapitre XXV, où il est mentionné que tant les corps des condamnés que leurs âmes, ainsi que les démons, sont punis par le même feu éternel.

1- Identité du feu. Il est noté que le feu utilisé pour punir les corps des condamnés est le même que celui mentionné en relation avec les âmes et les démons. Ce feu est décrit comme "préparé pour le diable et ses anges", ce qui implique qu'il a une fonction punitive pour tous les êtres concernés.

2- Nécessité de la peine. Selon l'argument, il est nécessaire que les corps des condamnés soient punis par le feu corporel. Si l'on établit que le feu a la capacité d'infliger de la douleur ou de la souffrance aux corps, la logique suggère que, puisque les âmes des condamnés sont également l'objet de cette punition, elles doivent souffrir de manière similaire.

3- Raisonnement parallèle. Un raisonnement par analogie est utilisé, établissant que tout comme les corps sont punis par le feu, les âmes séparées doivent également l'être, car tous appartiennent à la même catégorie d'êtres qui sont sous le jugement de la justice divine. Cette équivalence suggère que si les corps peuvent souffrir, les âmes ont également la capacité d'expérimenter la douleur à travers le feu corporel.

| Ensuite, Saint Thomas offre sa propre réponse à la Question posée |

Saint Thomas, en abordant la question de la manière dont l'âme peut souffrir à cause du feu corporel, établit qu'il y a eu diverses opinions à ce sujet. Certains, comme Origène, soutiennent que le feu dont il est question dans les Écritures n'est qu'une métaphore pour exprimer l'affliction spirituelle de l'âme. Cependant, Saint Thomas considère que cette interprétation est insuffisante, en s'appuyant sur l'idée que, selon saint Augustin, il est nécessaire de comprendre que le feu est réellement corporel, car les corps des condamnés, ainsi que les âmes et les démons, en sont punis.

D'autres ont soutenu que bien que le feu soit corporel, l'âme ne souffre pas directement de lui, mais souffre à cause d'une sorte de vision imaginaire du feu, semblable à la manière dont une personne peut être angoissée par un rêve effrayant qui ne reflète pas une réalité physique. Toutefois, Saint Thomas rejette cette position car il a déjà été démontré que les puissances sensorielles, comme l'imagination, n'existent pas dans l'âme séparée. Par conséquent, il conclut que l'âme séparée souffre effectivement à cause du feu corporel, mais la nature de cette souffrance est complexe.

Certains soutiennent que l'âme souffre en voyant le feu, en se basant sur l'idée que, lorsqu'elle le perçoit, elle souffre. Cependant, Saint Thomas observe que voir est une perfection, et toute vision devrait être agréable, ce qui contredit l'idée de souffrance. Ainsi, il est suggéré que la souffrance de l'âme provient de la perception du feu comme quelque chose de nuisible. Cela conduit à la nécessité de se demander si le feu est réellement nuisible pour l'âme. Saint Thomas conclut que, effectivement, le feu corporel est nuisible pour l'âme.

La souffrance de l'âme ne se produit pas à travers une altération, comme c'est le cas avec les corps, mais se manifeste par une privation de ce qui lui revient naturellement. Ainsi, la souffrance peut se manifester de deux manières : l'une est par une altération directe, comme celle qu'un corps brûlé subit ; l'autre est par l'obstruction de son inclination naturelle. Dans le cas de l'âme, qui n'est pas liée à un lieu physique par sa propre nature, le fait d'être liée à un corps ou à un feu corporel est en soi une forme de souffrance, car cela va à l'encontre de sa nature et de ses désirs.

Ce type de souffrance se produit par l'action d'une force supérieure qui oblige l'âme à rester liée à quelque chose de corporel. Ainsi, l'âme peut être soumise à des peines par le feu corporel non parce qu'elle est affectée physiquement, mais parce que cette union forcée implique une limitation de sa liberté et de sa nature spirituelle. Saint Thomas conclut que la plus grande souffrance des condamnés provient de leur séparation de Dieu et de leur soumission à la nature corporelle, ce qui est une expérience profondément douloureuse pour l'âme créée pour s'unir à Dieu.

> Ensuite, Saint Thomas répond à chacun des vingt-deux arguments exposés initialement, selon lesquels il semble que l'âme séparée ne puisse pas souffrir de la peine du feu corporel

1- Argument sur la réception du feu. En ce qui concerne les arguments 1 à 7, Saint Thomas précise qu'il ne soutient pas que l'âme souffre du feu corporel uniquement en le recevant ou par l'altération que celui-ci pourrait provoquer. Cela implique que la souffrance ne se produit pas dans le sens physique habituel, car l'âme a une nature différente des corps matériels.

2- L'action du feu comme instrument. En ce qui concerne le huitième argument, il est indiqué que le feu agit non par sa propre vertu, mais comme un instrument de la justice divine. Par conséquent, ce qui est pertinent n'est pas la dignité du feu en soi, mais l'autorité de la justice de Dieu qui l'utilise pour exécuter la punition.

3- Les corps comme instruments de punition. En ce qui concerne le neuvième argument, il est établi que les corps sont des instruments appropriés pour punir les condamnés. Cela repose sur l'idée que ceux qui ont refusé de se soumettre à Dieu, qui est leur supérieur, doivent être soumis aux créatures inférieures dans le cadre de leur punition.

4- Les actions de Dieu sur la nature. En ce qui concerne le dixième argument, il est soutenu que bien que Dieu n'agisse pas contre la nature, il peut agir sur la nature, faisant des choses que celle-ci ne peut pas faire. Cela suggère que la souffrance de l'âme peut être au-delà des lois naturelles.

5- L'impassibilité de l'âme. En ce qui concerne le onzième argument, il est précisé que l'âme est impassible par rapport aux changements que peuvent provoquer les corps. Cela signifie que, selon sa nature, l'âme ne subit pas de changements comme le feraient les corps.

6- L'action instrumentale du feu. En ce qui concerne le douzième argument, il est souligné que le feu ne peut pas agir sur l'âme de manière naturelle, mais seulement de manière instrumentale. Cela implique que le feu ne perd pas sa nature en agissant sur l'âme.

7- Les modes de souffrance. En ce qui concerne le treizième argument, il est réaffirmé que l'âme ne souffre pas du feu corporel de la manière mentionnée précédemment, réaffirmant l'accent mis sur l'utilisation du feu comme instrument de la justice divine.

8- La relation du feu avec l'âme. En ce qui concerne le quatorzième argument, il est mentionné que bien que le feu ne chauffe pas l'âme, il a une relation opérative ou de potentiel vers elle, semblable à la connexion entre les corps et les esprits.

9- L'union de l'âme avec le feu. En ce qui concerne le quinzième argument, il est précisé que l'âme ne s'unit pas au feu comme une forme qui lui donne vie, mais d'une manière dans laquelle les esprits se connectent aux lieux corporels par l'action de la vertu.

10- L'appréciation du feu comme nuisible. En ce qui concerne le seizième argument, il est expliqué que l'âme peut être affligée par le feu dans la mesure où elle le perçoit comme nuisible, même si elle n'est pas physiquement capturée, ce qui peut entraîner l'angoisse même en l'absence de contact direct.

11- Limitation de la liberté. En ce qui concerne le dix-septième argument, il est indiqué que bien que l'âme ne soit pas empêchée dans ses opérations intellectuelles, elle perd une certaine liberté naturelle en étant obligée de souffrir.

12- La peine de Géhenne. En ce qui concerne le dix-huitième argument, il est souligné que la peine de Géhenne ne se limite pas aux âmes, mais affecte également les corps, le feu étant un symbole de la souffrance corporelle la plus intense.

13- **Interprétation d'Augustin.** En ce qui concerne le dix-neuvième argument, il est mentionné que Saint Augustin n'établit pas une doctrine définitive à ce sujet, mais explore l'idée que la souffrance des âmes peut être liée au feu comme nuisible dans le contexte de l'arrêt et de l'attachement qu'il exerce sur l'âme, l'empêchant de s'unir à Dieu.

14- **Correction de la vision de Grégoire.** En ce qui concerne le vingtième argument, l'idée selon laquelle toutes les peines de Dieu sont purgatives est critiquée, et il est précisé qu'il existe des châtiments qui conduisent à la condamnation finale, montrant que les peines peuvent être à la fois correctives et punitives.

15- **Contradiction de la peine.** En ce qui concerne le vingt et unième argument, il est affirmé que la peine est contraire à l'intention du pécheur, qui cherche à satisfaire sa propre volonté, tandis que la peine, venant de la sagesse divine, a pour but de renverser cette volonté.

16- **Récompense et châtiment de l'âme.** Enfin, en ce qui concerne le vingt-deuxième argument, on distingue comment l'âme est récompensée en jouissant de ce qui est au-dessus d'elle et punie en étant soumise à ce qui est en dessous d'elle, suggérant que les récompenses sont spirituelles et les peines, corporelles.

À LA MANIÈRE D'UN ÉPILOGUE

1- Que demande Saint Thomas au sujet de l'âme dans la Première Question ?

Saint Thomas se demande si l'âme peut être considérée comme une forme et, en même temps, si elle peut exister par elle-même.

2- Comment Saint Thomas définit-il le concept d'« individu » dans le contexte de la substance ?

Saint Thomas indique qu'un « individu » dans le genre de la substance est quelque chose qui peut subsister par soi-même et qui est complet dans une certaine espèce et un certain genre de substance.

3- Quelle opinion critique Saint Thomas au sujet de la nature de l'âme?

Il critique les positions qui considèrent l'âme comme une harmonie ou une complexion, affirmant que ces conceptions n'autorisent pas l'âme à subsister par elle-même ni à être complète dans une espèce de substance.

4- Quel rôle joue l'âme végétative selon Saint Thomas ?

Le concept de l'âme végétative, selon Saint Thomas d'Aquin, se réfère à l'une des trois facettes de l'âme décrites dans sa philosophie. Selon lui, l'âme n'est pas une entité unique et simple, mais elle se distribue en différentes « puissances » ou facultés correspondant à divers types d'êtres vivants :

1-<u>L'âme végétative</u> : propre aux plantes et aux êtres vivants qui accomplissent des fonctions biologiques fondamentales, comme la nutrition, la croissance et la reproduction.

2-<u>L'âme sensitive</u> : propre aux animaux, qui permet les perceptions sensorielles et le mouvement.

3-<u>L'âme rationnelle</u> : propre à l'être humain, capable de raisonner et d'avoir conscience de soi.

Dans ce contexte, Saint Thomas affirme que l'âme végétative nécessite un principe transcendant les qualités actives et passives des fonctions végétatives, suggérant qu'il existe quelque chose au-delà des propriétés physiques ou matérielles rendant ces fonctions possibles (comme le processus de nutrition ou de croissance).

Les fonctions végétatives, bien qu'elles soient biologiques, ne peuvent être expliquées uniquement par des aspects matériels (comme l'interaction de substances chimiques). Elles nécessitent un principe immatériel ou spirituel qui les « organise » et les rend possibles. Ce principe vital donne ordre et finalité aux fonctions biologiques.

5- Pourquoi l'idée que l'âme sensitive est uniquement une combinaison de qualités matérielles n'est-elle pas soutenable ?
Saint Thomas soutient que l'âme sensitive accomplit des opérations qui ne peuvent s'expliquer uniquement par des qualités matérielles, car elle reçoit des espèces sans matière.

6- Quelle est la relation entre l'intellect et la matière selon Saint Thomas ?
L'intellect, selon Saint Thomas, fonctionne indépendamment d'un organe corporel, ce qui montre que son action est distincte des fonctions matérielles.

7- Comment Saint Thomas argumente-t-il l'existence de l'intellect par lui-même ?
Saint Thomas affirme que l'intellect doit avoir une existence indépendante du corps, car son opération ne dépend pas de la matière.

8- Quel concept Saint Thomas introduit-il pour expliquer que l'intellect humain n'est pas simplement une partie de l'âme ?
Il introduit l'idée que l'intellect est une substance en soi et qu'il ne se corrompt pas, soulignant ainsi sa nature immortelle.

9- Quelle critique Saint Thomas adresse-t-il à l'idée que l'âme humaine est seulement une partie du corps ?

Il critique cette idée en affirmant que l'âme est ce qui donne vie au corps, et que sa séparation implique une corruption substantielle.

10- Quelle conclusion Saint Thomas tire-t-il sur la relation entre l'âme et le corps ?
Il conclut que l'âme humaine est la forme du corps, capable de subsister par elle-même, bien qu'elle ne constitue pas une espèce complète en soi, mais qu'elle complète l'espèce humaine.

11- Quelle réponse Saint Thomas offre-t-il à la question posée sur la nature de l'âme ?
Saint Thomas répond que l'âme est une forme qui agit de manière indépendante, subsiste par elle-même et est essentielle à l'existence du corps, complétant ainsi la nature humaine.

12- Que demande Saint Thomas dans la Deuxième Question?
Saint Thomas se demande si l'âme humaine, dans son acte d'exister, est séparée du corps.

13- Quelle est la réponse de Saint Thomas concernant l'existence de l'intellect possible par rapport au corps ?
Saint Thomas affirme que l'intellect possible doit être considéré en puissance par rapport à ce qu'il peut connaître. Capable de comprendre les formes de toutes choses, il ne peut être déterminé par une nature sensible, ce qui implique qu'il n'a pas d'organe corporel.

14- Que signifie que l'intellect possible soit « dépouillé » des formes sensibles ?
Cela signifie que l'intellect possible doit être libre de toutes formes sensibles afin de recevoir et comprendre les formes intelligibles, tout comme la pupille est vide de couleurs pour percevoir toutes les couleurs.

15- Pourquoi Saint Thomas critique-t-il l'idée que l'intellect possible soit une forme ou vertu mélangée au corps ?

Il critique cette idée en affirmant que si l'intellect possible était une forme ou vertu liée au corps, il ne pourrait accomplir des opérations indépendantes de la matière, ce qui contredit sa nature.

16- Quelle est la relation entre les *phantasmata* et l'intellect possible ?

Saint Thomas affirme que les *phantasmata* (images mentales) sont nécessaires pour que l'intellect possible puisse connaître. Cependant, l'intellect possible en lui-même est indépendant et ne dépend pas des *phantasmata* pour son existence.

17- Quelle erreur certains commettent-ils en considérant la nature de l'intellect possible comme séparée du corps ?

Certains croient que l'intellect possible est une substance séparée existant indépendamment du corps, pouvant connaître toutes les formes intelligibles. Saint Thomas réfute cette position, affirmant qu'elle est incompatible avec la capacité d'un individu particulier à connaître.

18- Comment Saint Thomas démontre-t-il que l'intellect possible ne peut pas être une substance séparée ?

Il démontre que si l'intellect possible était une substance séparée, il serait impossible qu'un humain particulier puisse connaître à travers lui, car l'action de l'intellect ne pourrait être celle d'un principe n'appartenant pas à cet être particulier.

19- Quelle conclusion Saint Thomas atteint-il sur la nature de l'intellect possible ?

Saint Thomas conclut que l'intellect possible n'est pas une substance séparée, mais une capacité de l'âme humaine. Bien qu'il s'unisse au corps, il permet à l'être humain d'accomplir des opérations intellectuelles.

20- Quelle réponse Saint Thomas offre-t-il à la deuxième question posée sur la séparation âme-corps ?

Saint Thomas répond que l'âme humaine est une forme qui, en plus de s'unir au corps, possède une capacité intellectuelle indépendante des conditions matérielles, garantissant ainsi son existence comme principe de connaissance.

21- De quoi traite la Troisième Question ?
Dans la Troisième Question, Saint Thomas se demande si l'intellect possible est unique pour tous les hommes ou s'il existe un intellect possible pour chaque personne. Il analyse si cet intellect est une substance séparée du corps ou s'il doit être présent dans chaque être humain individuellement.

22- De quoi dépend, selon Saint Thomas, la réponse à la question de l'unicité de l'intellect possible pour tous les hommes ?
Elle dépend de la question de savoir si l'intellect possible est une substance séparée du corps. Si tel est le cas, l'intellect possible devrait être unique, car les choses séparées du corps ne peuvent être multipliées par la diversité des corps.

23- Pourquoi semble-t-il impossible qu'il existe un unique intellect possible pour tous les hommes ?
Cela semble impossible parce que l'intellect possible est la base pour acquérir la connaissance, et les sciences ou connaissances ne sont pas identiques chez toutes les personnes : certains possèdent des connaissances que d'autres n'ont pas. Cela implique que, si l'intellect possible était unique, tous les hommes devraient nécessairement avoir la même connaissance, ce qui est absurde.

24- Quel est le problème avec l'idée que l'intellect possible est unique et que les différentes connaissances dépendent des *phantasmata* (images mentales) de chaque personne ?
Le problème réside dans le fait que les espèces ou formes intelligibles ne sont compréhensibles que lorsqu'elles sont abstraites des *phantasmata* et présentes dans l'intellect possible. La diversité des *phantasmata* ne peut pas être la cause de l'unité ou de la multiplication de la connaissance dans l'intellect possible, car la connaissance dépend des espèces intelligibles, qui sont abstraites et universelles, et non uniquement des *phantasmata*

individuels. En d'autres termes, l'intellect humain a la capacité d'abstraire l'essence des choses et de les connaître de manière unifiée, indépendamment des représentations concrètes propres à chaque individu.

25- Quel problème surgit si nous acceptons que l'intellect possible est unique pour tous les hommes ?
Cela soulève une difficulté, car l'acte de comprendre provient de l'intellect possible, et si celui-ci est unique pour tous, alors il serait impossible d'expliquer comment différentes personnes peuvent comprendre de manière individuelle et différenciée en même temps. Cela entraînerait l'idée que l'acte de comprendre serait unique et identique pour tous, ce qui est impossible.

26- Pourquoi est-il plus raisonnable que l'intellect possible soit individuel pour chaque personne ?
Il est plus raisonnable que chaque personne ait son propre intellect possible parce que l'acte de comprendre est une opération propre et spécifique à chaque individu. Si tous partageaient un unique intellect possible, tous les êtres humains auraient la même nature et la même opération intellective, ce qui éliminerait la diversité individuelle dans la compréhension et serait incompatible avec la nature humaine.

27- Comment saint Thomas explique-t-il l'individuation de l'intellect possible chez chaque personne ?
Il explique que l'intellect possible se multiplie en fonction du nombre d'individus humains, en raison de l'union de l'âme avec un corps spécifique dans chaque cas. Bien que l'âme humaine ne dépende pas entièrement du corps pour exister, son union avec un corps particulier permet la multiplication des âmes individuelles sans modifier l'espèce.

28- En quoi l'individuation de l'âme humaine se distingue-t-elle de celle des autres formes ?
L'individuation de l'âme humaine ne dépend pas du corps, mais elle est une forme subsistante en elle-même. Cependant, en s'unissant à des corps individuels, l'âme humaine se multiplie en nombre, mais non en espèce.

Cette caractéristique la différencie des autres formes, qui dépendent du corps pour être individuelles et ne peuvent subsister par elles-mêmes.

29- Quel est le thème principal de la Quatrième Question ?
La Quatrième Question traite de l'existence d'un intellect agent, et saint Thomas défend son existence pour expliquer le fonctionnement du processus de connaissance.

30- Pourquoi Saint Thomas considère-t-il nécessaire de postuler un intellect agent ?
Saint Thomas considère l'intellect agent nécessaire parce que l'intellect possible est en puissance par rapport aux intelligibles qu'il doit comprendre. L'intellect possible a besoin d'être activé par quelque chose qui est déjà intelligible pour pouvoir connaître.

31- Quel rôle joue l'intellect agent dans le mouvement de l'intellect possible ?
L'intellect agent meut l'intellect possible pour qu'il puisse comprendre quelque chose. Les objets compris par l'intellect possible n'existent pas comme des entités indépendantes, mais l'intellect les saisit dans leur universalité, comme des idées communes applicables à plusieurs individus.

32- Comment l'intellect agent aide-t-il à l'abstraction de la matière ?
L'intellect agent abstrait les idées des conditions matérielles qui les individualisent, permettant de saisir l'essence des choses sans se limiter aux particularités individuelles (intellection des essences).

33- Quelle différence saint Thomas établit-il entre sa vision et celle des platoniciens concernant les universaux ?
Saint Thomas se distingue de la vision platonicienne selon laquelle les universaux existent par eux-mêmes dans la réalité. Pour lui, si cela était vrai, un intellect agent ne serait pas nécessaire, car les objets matériels pourraient directement mouvoir l'intellect possible. Ne partageant pas cette théorie, il considère essentiel de postuler un intellect agent.

34- Comment l'intellect possible parvient-il à connaître les substances immatérielles ?

L'intellect possible ne peut pas connaître directement les substances immatérielles, mais les comprend indirectement par l'abstraction réalisée sur les objets matériels et sensibles.

35- Pourquoi l'existence de l'intellect agent est-elle fondamentale ?

L'existence de l'intellect agent est fondamentale parce qu'il permet à l'intellect humain de comprendre des concepts et réalités abstraites, facilitant l'abstraction des conditions matérielles et particulières qui limitent la connaissance.

36- Que demande-t-on dans la Cinquième Question ?

On demande s'il existe un intellect agent séparé pour tous les hommes.

37- Pourquoi Saint Thomas soutient-il que l'intellect agent est plus apte à être considéré comme une entité séparée que l'intellect possible ?

Saint Thomas soutient que l'intellect agent est plus apte à être considéré comme une entité séparée en raison de sa nature active et universelle, qui lui permet d'opérer indépendamment des limitations matérielles et particulières de l'intellect possible.

38- Comment l'intellect possible se manifeste-t-il selon Saint Thomas?

L'intellect possible se manifeste de deux façons : parfois en puissance, parfois en acte, selon qu'il est en train de comprendre ou qu'il a déjà compris quelque chose.

39- Quelle est la différence fondamentale entre l'intellect agent et l'intellect possible ?

La différence fondamentale est que l'intellect agent est un principe actif qui réalise l'action de comprendre, tandis que l'intellect possible est une capacité interne de l'être humain pour recevoir et traiter l'information.

40- Que signifie que l'intellect agent peut opérer de manière indépendante ?
Cela signifie que l'intellect agent peut abstraire des idées et des concepts sans avoir besoin d'être relié à des données sensorielles spécifiques, montrant ainsi un niveau supérieur d'activité intellectuelle.

41- Pourquoi l'intellect possible ne peut-il pas être séparé de l'être humain ?
L'intellect possible ne peut pas être séparé de l'être humain parce qu'il est intimement lié à l'essence humaine ; sa nature est de recevoir et de comprendre des idées à partir des expériences sensorielles.

42- Quelle relation certains philosophes établissent-ils entre l'intellect agent et les entités séparées ?
Certains philosophes considèrent que l'intellect agent est une substance séparée, qu'ils appellent « intelligence », et qu'il se relie aux âmes humaines de manière similaire à la relation entre les substances supérieures et les âmes des corps célestes.

43- Comment Dieu se rapporte-t-Il à l'intellect agent selon l'enseignement catholique ?
L'enseignement catholique affirme que Dieu est le seul à agir dans nos âmes, et saint Thomas soutient que l'intellect agent ne peut pas être considéré comme Dieu, car cela contredirait son rôle de source de connaissance.

44- Quels types de principes actifs l'être humain requiert-il pour ses opérations intellectuelles ?
L'être humain requiert un principe actif particulier, qui, dans ce cas, est l'intellect agent, contrairement aux principes actifs universels qui affectent tous les corps inférieurs.

45- Quelles sont les implications de considérer l'intellect agent comme une entité séparée de Dieu ?

Considérer l'intellect agent comme une entité séparée impliquerait que la perfection et le bonheur de l'être humain dépendraient de son union avec quelque chose qui n'est pas Dieu, ce qui contredit l'enseignement évangélique sur la vie éternelle comme connaissance de Dieu.

46- Pourquoi est-il impossible que l'intellect agent soit une substance séparée ?
Il est impossible que l'intellect agent soit une substance séparée parce que ses opérations nécessitent un principe formel intrinsèque qui ne peut être externe, comme c'est le cas avec l'intellect possible.

47- Comment les images mentales se rapportent-elles à l'intellect possible et à l'intellect agent ?
Les images mentales *(phantasmata)* sont en puissance par rapport aux entités qu'elles représentent, et l'intellect possible est en puissance par rapport à tous les intelligibles, mais il se détermine à comprendre par les espèces abstraites.

48- Quelle analogie utilise Saint Thomas pour décrire l'activité de l'intellect agent ?
Saint Thomas compare l'activité de l'intellect agent à une lumière qui permet aux couleurs d'être visibles, indiquant qu'il abstrait les images de leurs conditions matérielles.

49- Quelles conclusions Saint Thomas tire-t-il sur la nature de l'intellect agent et de l'intellect possible ?
Saint Thomas conclut que l'intellect possible et l'intellect agent sont essentiels pour l'entendement humain et résident dans l'âme, évitant ainsi des confusions théologiques et philosophiques contraires à la foi catholique.

50- En quoi consiste la Sixième Question ?
La Sixième Question examine si l'âme est composée de matière et de forme, en questionnant les opinions de philosophes antérieurs, comme Avicebron.

51- Que soutient Avicebron au sujet de l'âme ?
Avicebron affirme que, puisque l'âme possède des propriétés similaires à celles de la matière, comme être réceptive et potentielle, elle doit être composée de matière.

52- Comment Saint Thomas répond-il à l'affirmation d'Avicebron ?
Saint Thomas rejette l'idée que l'âme soit composée de matière et de forme, la considérant frivole et impossible.

53- Quelle différence Saint Thomas établit-il dans la manière de recevoir entre l'âme et la matière ?
Saint Thomas explique que la matière reçoit avec un changement ou un mouvement, tandis que l'âme reçoit la connaissance sans subir de transformation physique.

54- Pourquoi Saint Thomas soutient-il que l'âme ne peut être une substance composée de matière et de forme ?
Si l'âme était composée de matière et de forme, elle constituerait une espèce séparée et indépendante du corps, ce qui contredirait la doctrine aristotélicienne selon laquelle le corps et l'âme forment ensemble l'espèce humaine.

55- Qu'implique l'incompatibilité de la composition de l'âme avec son union au corps ?
Si l'âme était une combinaison de matière et de forme, elle ne pourrait pas être le principe formel qui donne l'existence au corps, ce qui contredirait son rôle vital dans la vie du corps.

56- Comment Saint Thomas critique-t-il les théories sur l'union de l'âme et du corps qui mentionnent la « lumière » ou l'énergie ?
Saint Thomas considère ces idées comme « fantastiques » et compliquant inutilement la relation entre l'âme et le corps, car il soutient que l'âme s'unit au corps de manière naturelle et directe.

L'AME HUMAINE

57- Que signifie que l'âme soit une « forme subsistante » ?
L'âme est une « forme subsistante » parce que, bien qu'elle n'ait pas de matière, elle existe de manière indépendante et peut subsister sans le corps.

58- Quels types de composition Saint Thomas trouve-t-il dans l'âme humaine ?
Saint Thomas identifie deux types de composition dans l'âme humaine : celle de l'essence (*essentia* : ce qu'est l'âme) et de l'acte d'être ou d'exister *(esse* ou *actus essendi)*.

59- Comment l'essence et l'acte d'être se rapportent-ils dans l'âme ?
L'essence de l'âme a la capacité d'exister, mais elle devient un être réel seulement lorsqu'elle reçoit l'acte d'être ou d'exister *(esse)*.

60- Que permet la structure d'acte et de puissance dans l'âme ?
Cette structure permet d'expliquer comment l'âme humaine peut exister sans dépendre d'un corps, car son essence s'accomplit en s'unissant avec l'acte d'être.

61- Quelle est la conclusion de Saint Thomas sur la composition de l'âme ?
Saint Thomas conclut que l'âme est une forme subsistante qui peut avoir une composition d'acte et de puissance, mais pas de matière et de forme, car cette dernière est propre aux êtres matériels.

62- Quel est le thème de la Septième Question ?
Le thème de la Septième Question est de savoir si l'ange et l'âme appartiennent à des espèces différentes.

63- Quelle opinion est mentionnée sur la relation entre l'âme humaine et les anges ?
Il est mentionné que certains affirment que l'âme humaine et les anges appartiennent à la même espèce.

64- Qui est cité comme le premier à avoir proposé cette opinion ?
Origène est cité comme le premier à avoir proposé cette opinion, cherchant à éviter les erreurs des anciens hérétiques.

65- Quel est l'argument d'Origène sur la diversité des créatures ?
Origène argumente que la diversité des créatures provient du libre arbitre et non de la création initiale de Dieu.

66- Comment Origène explique-t-il les différences dans les créatures rationnelles ?
Origène soutient que toutes les créatures rationnelles ont été créées égales et que certaines ont progressé en adhérant à Dieu, tandis que d'autres sont tombées en s'éloignant de Lui.

67- Selon Saint Thomas, quelle faille trouve-t-on dans l'argument d'Origène ?
Saint Thomas note que l'argument d'Origène ignore la considération du bien du tout dans la création et se concentre uniquement sur le bien des parties.

68- Comment la perfection d'une créature est-elle liée à son espèce selon Saint Thomas ?
Saint Thomas affirme que, dans la création de Dieu, toutes les créatures ne sont pas égales, car un univers parfait requiert différents degrés d'êtres.

69- Quelle différence Saint Thomas établit-il entre les anges et les âmes ?
Saint Thomas établit que les anges et les âmes diffèrent par leur espèce, car ils ne peuvent être considérés comme des formes d'une même matière.

70- Que signifie l'affirmation selon laquelle les anges et les âmes n'appartiennent pas à la même espèce ?
Cela implique qu'il existe des différences formelles entre eux, puisque la forme est ce qui donne l'être à la chose.

71- Que considère Saint Thomas sur la matière des anges et des âmes?
Saint Thomas considère que, puisque les anges et les âmes ne sont pas composés de matière et de forme, leur différence ne peut être matérielle.

72- Quelle conclusion Saint Thomas tire-t-il sur l'espèce des anges et des âmes ?
Saint Thomas conclut qu'il est impossible que les anges et l'âme appartiennent à la même espèce, en raison de différences formelles et de perfection.

73- Comment les espèces se classent-elles dans les substances matérielles ?
Dans les substances matérielles, les différentes espèces se classent selon les degrés de perfection de la nature.

74- Quelle relation Saint Thomas établit-il entre les degrés de perfection et l'espèce dans les substances immatérielles ?
Dans les substances immatérielles, les degrés de perfection déterminent des différences d'espèce en relation avec le premier agent, qui est parfait.

75- En quoi consiste la Huitième Question ?
La Huitième Question examine si l'âme rationnelle, c'est-à-dire l'âme humaine, devait s'unir à un corps ayant les caractéristiques propres du corps humain.

76- Quelle est la raison fondamentale pour laquelle l'âme rationnelle s'unit à un corps ?
Saint Thomas explique que, puisque la matière existe pour la forme, le corps humain existe pour l'âme rationnelle. Cela est nécessaire car l'âme humaine n'a pas en elle-même les connaissances intelligibles dès le début, comme c'est le cas pour d'autres substances intellectuelles supérieures ; elle est comme une *tabula rasa* (table rase) qui doit recevoir des connaissances du monde extérieur à travers les sens.

77- Pourquoi le corps humain doit-il être adapté aux besoins de l'âme rationnelle ?

Étant donné que l'âme rationnelle doit saisir les formes intelligibles à travers les sens, il est essentiel que le corps humain soit optimalement disposé pour la sensation, en particulier le sens du toucher, qui est fondamental pour la perception sensorielle.

77- Pourquoi le corps humain doit-il être adapté aux besoins de l'âme rationnelle ?

Étant donné que l'âme rationnelle a besoin de capter les formes intelligibles à travers les sens, il est essentiel que le corps humain soit disposé de manière optimale pour la sensation, en particulier pour le sens du toucher, qui est fondamental pour la perception sensorielle.

78- Pourquoi le sens du toucher est-il si important dans la nature humaine ?

Le toucher est la base de tous les autres sens, selon Saint Thomas, car toute la sensibilité repose sur lui. Si le sens du toucher est affecté (comme pendant le sommeil), tous les autres sens sont également perturbés.

79- Quelle est la meilleure disposition que doit avoir le corps humain en ce qui concerne son sens du toucher ?

L'organe du sens du toucher doit avoir un équilibre des qualités telles que le chaud et le froid, l'humidité et la sécheresse, ce qui exige un mélange modéré de ces éléments pour percevoir ces qualités sans en être altéré. Ainsi, le corps humain, étant équilibré, est le plus approprié pour l'âme rationnelle.

80- Comment la perfection se reflète-t-elle dans la structure du corps humain ?

La composition du corps humain montre un niveau supérieur de perfection dans la nature inférieure, car il est le plus équilibré en ce qui concerne le mélange de ses éléments. Cet équilibre permet à l'être humain d'être optimalement apte à l'activité sensorielle et cognitive.

81- De quelle manière cette perfection se manifeste-t-elle dans le cerveau humain ?

Le cerveau humain est conçu pour faciliter les fonctions sensibles internes telles que l'imagination, la mémoire et la faculté cognitive. C'est pourquoi le cerveau humain est plus grand en proportion du corps que celui des autres animaux, et sa structure permet à l'homme d'avoir une posture droite, adaptée à l'opération intellectuelle.

82- Pourquoi le corps humain est-il corruptible et présente-t-il des limitations telles que l'usure et la fatigue ?

Ces limitations n'ont pas été choisies délibérément, mais sont inhérentes à la matière. Le corps humain, étant composé d'éléments contraires, est soumis à ces défauts par nécessité matérielle. Bien qu'il ait reçu la meilleure disposition pour ses fonctions sensitives, la nature des éléments matériels implique une certaine vulnérabilité.

83- Dieu aurait-il pu créer un corps humain exempt de corruption et de défauts ?

Bien que Dieu ait le pouvoir de créer un corps incorruptible, Saint Thomas souligne que dans le cadre de la nature, ce qui est pris en compte, c'est ce qui est compatible avec la nature même des choses, selon Saint Augustin. Dieu avait initialement accordé à l'humanité la grâce de la justice originelle, par laquelle le corps était entièrement soumis à l'âme tant que celle-ci restait unie à Dieu. En perdant cette justice originelle à cause du péché, l'homme est devenu sujet aux défauts inhérents à la matière.

84- En quoi consiste la Neuvième Question ?

La Neuvième Question porte sur la question de savoir si l'âme s'unit à la matière corporelle par un intermédiaire. Saint Thomas répond que non, car l'union de l'âme avec la matière ne nécessite ni forme ni entité intermédiaire. La forme de l'âme, étant substantielle, s'unit directement à la matière, constituant ainsi l'être humain dans son intégralité.

85- Quel est l'argument principal de Saint Thomas sur l'union de l'âme avec le corps ?

Saint Thomas soutient que, puisque la forme substantielle est celle qui donne l'être à la matière, il ne peut y avoir de forme substantielle intermédiaire entre l'âme et la matière. L'union entre l'âme et le corps est directe, car la forme substantielle de l'âme donne au corps son être et son essence spécifique. Il n'existe pas de forme intermédiaire, contrairement à ce que certains philosophes avaient suggéré.

86- Comment Saint Thomas définit-il la relation entre les formes et la matière dans les êtres naturels ?

Saint Thomas affirme que les formes déterminent les différents degrés de perfection dans les êtres naturels. La matière, lorsqu'elle est unie à une forme, acquiert différents degrés d'existence : de simple corps, à corps animé, et enfin à être rationnel. Il n'existe pas de forme intermédiaire, car la forme substantielle de l'âme est celle qui confère la perfection au corps humain à chaque niveau, du matériel au spirituel.

87- Qu'est-ce qui distingue la forme de l'âme des autres formes des êtres matériels ?

La forme de l'âme se distingue des autres formes parce qu'elle confère à l'être humain son existence spécifique et complète en tant qu'être rationnel. Alors que d'autres formes déterminent les caractéristiques matérielles ou vitales d'un être, comme celles qui définissent le corps ou la vie des animaux, l'âme rationnelle donne l'essence complète de l'être humain, du corps à la spiritualité.

88- En quoi consiste la Dixième Question ?

La Dixième Question traite de la question de savoir si l'âme est présente dans tout le corps et dans chacune de ses parties. Saint Thomas explore comment l'âme, en tant que forme du corps, se rapporte à chaque partie et au corps dans son ensemble.

89- Comment Saint Thomas explique-t-il l'union de l'âme avec le corps ?

Saint Thomas affirme que l'âme ne s'unit pas au corps par une partie intermédiaire, mais qu'elle s'unit immédiatement à l'ensemble du corps. L'âme est la forme à la fois de l'ensemble et de chaque partie du corps.

90- Pourquoi est-il nécessaire que l'âme soit présente dans chaque partie du corps ?

Il est nécessaire que l'âme soit présente dans chaque partie du corps parce que chaque partie reçoit son existence et son espèce de l'âme, qui agit comme sa forme. Cela garantit que le corps est un tout naturel et non une simple composition de parties.

91- Que signifie l'affirmation selon laquelle l'âme donne l'être à chaque partie du corps ?

Cela signifie que, étant donné que l'âme est présente dans chaque partie, il est impossible que quelque chose reçoive son être et son espèce d'une forme séparée, car une telle conception reviendrait à adopter la position des platoniciens, selon lesquels les êtres sensibles participent à des formes distinctes.

92- Comment Saint Thomas définit-il le concept de totalité en relation avec l'âme ?

Saint Thomas définit la totalité selon trois modes : par division quantitative, par comparaison avec les parties essentielles de l'espèce, et par comparaison avec les parties liées à la puissance ou à la vertu. La totalité de l'âme se réfère à sa perfection en tant que forme du corps.

93- De quelle manière l'âme se relie-t-elle aux opérations de chaque partie du corps ?

L'âme exerce sa puissance et sa vertu dans le corps, mais elle ne se distribue pas de manière égale dans chaque partie. Chaque partie du corps est en relation avec différentes opérations de l'âme, et la puissance de l'âme se manifeste dans les parties correspondantes en fonction de ces opérations.

94- Quelle limitation Saint Thomas mentionne-t-il au sujet de la totalité de l'âme par rapport à l'action ?
Saint Thomas mentionne que l'âme humaine, en raison de sa nature supérieure, peut accomplir certaines opérations, comme comprendre et vouloir, sans nécessiter d'organe corporel. Cependant, pour d'autres opérations qui requièrent des organes, l'âme agit dans sa totalité dans le corps, bien que pas dans chaque partie.

95- En quoi consiste la Question 11 ?
Dans la Question 11, Saint Thomas se demande si l'âme humaine est une seule et même substance ou s'il existe plusieurs âmes dans l'être humain. Il examine différentes opinions sur la possibilité d'une seule substance unique ou de plusieurs âmes coexistant dans le corps humain.

96- Quelle position Platon adopte-t-il concernant l'âme ?
Platon soutient qu'il existe plusieurs âmes dans le corps humain. Selon lui, l'âme s'unit au corps en tant que moteur, mais non comme forme. Dans sa théorie, l'âme se trouve dans le corps comme un marin dans un navire, avec plusieurs moteurs causant les différentes actions dans le corps humain, sans compromettre l'unité de l'être humain.

97- Pourquoi la vision de Platon sur les âmes dans le corps pose-t-elle problème selon Saint Thomas ?
Saint Thomas indique que, selon Platon, si l'âme est uniquement un moteur et non une forme, l'unité véritable de l'être humain ne peut être réalisée, ni même celle des animaux. Cela impliquerait que l'être humain ne serait pas un en un sens absolu, car la génération et la corruption dépendraient seulement de la relation entre l'âme et le corps.

98- Quel problème découle de l'idée que l'âme sensitive et l'âme rationnelle sont distinctes selon Platon ?
Si l'âme sensitive et l'âme rationnelle étaient considérées comme des formes distinctes, il y aurait plusieurs prédications sur un même individu. Cela signifierait que l'unité de l'être humain serait accidentelle et non

essentielle, conduisant à la conclusion que l'homme ne serait pas un être unique en un sens absolu.

99- Quelle est la conclusion de Saint Thomas sur le nombre d'âmes dans l'être humain ?

Saint Thomas conclut que l'être humain possède une seule âme en tant que substance, qui est rationnelle. Cette âme est responsable des fonctions sensitives et végétatives du corps humain, en plus de la capacité rationnelle. En résumé, l'âme humaine est unique et substantielle, englobant à la fois la sensibilité, la végétativité et la raison.

101- Comment Saint Thomas explique-t-il la relation entre les différentes puissances de l'âme humaine ?

Saint Thomas explique que les différentes puissances de l'âme humaine sont toutes enracinées dans une seule essence de l'âme. Lorsqu'une puissance s'intensifie, elle peut interférer avec les opérations des autres puissances, ou même faire « résonner » une puissance dans une autre. Cela implique que toutes les puissances de l'âme sont unifiées dans une essence substantielle unique.

102- En quoi consiste la Question Douze ?

La Question Douze porte sur la question de savoir si l'âme est identique à ses puissances, c'est-à-dire si l'essence même de l'âme est le principe direct et immédiat de toutes ses opérations, ou si, au contraire, les puissances sont des propriétés distinctes de l'essence de l'âme.

103- Quelles sont les opinions principales concernant la relation entre l'âme et ses puissances ?

Deux opinions principales existent. Certains pensent que l'âme est identique à ses puissances, c'est-à-dire que l'essence de l'âme est directement le principe de toutes ses opérations. D'autres estiment que les puissances de l'âme sont des propriétés qui en dérivent, mais qui ne s'identifient pas à son essence.

104- Comment Saint Thomas définit-il la « puissance » ?

Saint Thomas définit la puissance comme le principe d'une opération, qu'il s'agisse d'une action ou d'une passion. La puissance est ce par quoi un être agit ou est affecté, mais elle ne désigne pas le sujet qui agit ou subit en lui-même, mais plutôt ce par quoi il agit.

105- Quel exemple Saint Thomas utilise-t-il pour expliquer le concept de puissance ?
Il utilise l'exemple de la « puissance constructive » chez un constructeur, ou de la chaleur dans le feu. Le constructeur possède la puissance de construire grâce à son habileté, et le feu chauffe grâce à sa chaleur.

106- Pourquoi Saint Thomas rejette-t-il l'idée que l'âme soit ses propres puissances ?
Saint Thomas rejette cette idée car tout être agit selon ce qu'il est en acte. Comme toutes les actions de l'âme n'appartiennent pas à son essence substantielle, il est nécessaire que le principe de ces actions ne soit pas l'essence même de l'âme, mais des puissances distinctes qui interviennent entre l'essence de l'âme et ses diverses opérations.

107- Que signifie la diversité des opérations de l'âme en relation avec leurs principes ?
La diversité des opérations de l'âme, telles que la perception, l'intelligence et la croissance, exige des principes distincts. Les actions et passions de l'âme ne peuvent émaner d'un unique principe immédiat, car elles diffèrent par nature et nécessitent des principes spécifiques adaptés à chaque type d'opération.

108- Comment saint Thomas explique-t-il la relation entre l'essence de l'âme et ses puissances ?
Selon saint Thomas, l'essence de l'âme est un principe unique et ne peut être le principe immédiat de toutes ses actions. L'essence de l'âme opère à travers des principes accidentels — c'est-à-dire des puissances — qui correspondent à la diversité de ses opérations.

L'AME HUMAINE

109- Quelle fonction remplissent les puissances actives et passives dans l'âme ?

Les puissances actives et passives ne se rapportent pas directement à quelque chose de substantiel, mais à quelque chose d'accidentel. Par exemple, les puissances intellective et sensitive sont ordonnées à des opérations qui sont accidentelles, non substantielles.

110- De quoi traite la Question 13 ?

La Question 13 traite de la distinction entre les puissances de l'âme en fonction de leurs objets.

111- Comment saint Thomas définit-il la puissance par rapport à l'acte ?

Selon saint Thomas, la puissance se définit en relation avec l'acte, car elle dépend de l'acte pour sa définition, et c'est par la diversité des actes que les puissances se distinguent. Les actes tirent leur espèce des objets, et donc la distinction des puissances de l'âme provient de la distinction de leurs objets.

112- De quelle manière les objets déterminent-ils la distinction des puissances de l'âme ?

La distinction des puissances de l'âme repose sur la distinction de leurs objets, car les actes tirent leur espèce des objets. Les objets peuvent être considérés comme actifs pour les puissances passives et comme fins pour les puissances actives. Cette distinction des objets détermine également la distinction des opérations.

113- Comment saint Thomas compare-t-il l'action de la nature inanimée à celle des puissances de l'âme ?

Saint Thomas note que l'action de l'âme dépasse celle de la nature inanimée sous deux aspects : dans le mode d'agir et dans ce qui est accompli. Toute action de l'âme provient d'un agent intrinsèque, car l'être vivant se meut lui-même vers l'action, tandis que l'action des corps inanimés provient d'un agent extrinsèque.

114- Qu'est-ce qui distingue les puissances végétatives des autres puissances de l'âme ?

Les puissances végétatives, telles que la générative, la nutritive et l'augmentative, visent l'existence et le maintien de l'être vivant en tant que tel, ce qui se produit également dans les corps inanimés mais par un agent extrinsèque. C'est pourquoi les puissances végétatives sont considérées comme naturelles.

115- Comment se manifeste la capacité de sensation et d'intellect dans l'âme ?

La sensation et l'intellect permettent à l'âme de contenir toutes choses d'une manière immatérielle, car l'âme devient toutes choses à travers la perception sensorielle et l'intelligence. La perception sensorielle reçoit les formes des choses dans leur particularité matérielle, tandis que l'intellect les abstrait complètement de la matière.

116- Quels sont les cinq requis pour la cognition sensorielle parfaite ?

Les cinq requis sont : (1) la réception de l'espèce des objets sensibles (sens propre), (2) le jugement et le discernement des objets sensibles (sens commun), (3) la conservation des espèces sensibles perçues (imagination ou fantaisie), (4) la connaissance des intentions non appréhendées par les sens, comme l'utile ou le nuisible (estimative naturelle chez les animaux ou cogitative chez l'homme), et (5) la récupération des perceptions antérieures pour la considération actuelle (mémoire ou réminiscence).

117- Pourquoi le sens de la vue est-il considéré comme le plus élevé des sens ?

Le sens de la vue est le plus élevé et universel des sens, car il perçoit les sensibles sans altération matérielle adjacente, et les objets qu'il perçoit sont communs aux corps corruptibles comme incorruptibles.

118- De quoi traite la Question 14 ?

La Question 14 traite de l'incorruptibilité et de l'immortalité de l'âme humaine.

119- L'âme humaine est-elle incorruptible selon Saint Thomas ?
Oui, selon saint Thomas, l'âme humaine est incorruptible.

120- Pourquoi dit-on que l'âme humaine est incorruptible ?
L'âme humaine est incorruptible parce que la forme qui donne l'être à quelque chose ne peut être séparée de cet être sans que le composé se corrompe. L'âme humaine, qui possède un principe d'intelligence, est une forme qui détient l'être par elle-même, ce qui la rend incorruptible.

121- Que signifie « forme qui possède l'être » ?
La « forme qui possède l'être » désigne une forme qui non seulement donne l'existence à un composé, mais possède elle-même l'existence par elle-même, ce qui implique qu'elle ne peut être séparée sans corrompre le composé.

122- Pourquoi l'intelligence humaine ne dépend-elle pas d'un organe corporel ?
L'intelligence humaine ne dépend pas d'un organe corporel parce que l'intellect humain peut comprendre toutes les natures sensibles de manière universelle, sans être limité par les conditions matérielles, ce qui démontre que son opération est indépendante du corps.

123- L'intellect humain est-il un principe matériel ou immatériel ?
L'intellect humain est un principe immatériel, car il reçoit les espèces de manière immatérielle et peut connaître abstraitement, sans dépendre des conditions matérielles des objets sensibles.

124- Comment l'incorruptibilité de l'âme humaine est-elle liée à l'intellect ?
L'incorruptibilité de l'âme humaine est liée à l'intellect, car l'intellect a une opération qui lui est propre et qui ne dépend pas du corps. Ce principe intellectif, immatériel, rend l'âme humaine incorruptible.

125- Que dit Saint Thomas sur ceux qui affirment que l'âme humaine est corruptible ?
Saint Thomas affirme que ceux qui soutiennent que l'âme humaine est corruptible commettent des erreurs, car ils nient des prémisses fondamentales, telles que considérer l'âme comme un composé de matière et de forme ou comme dépendante du corps pour son opération.

126- Quel est le signe de l'incorruptibilité de l'âme humaine ?
Le signe de l'incorruptibilité de l'âme humaine se manifeste à deux niveaux : d'une part, dans l'intellect, qui perçoit les choses de manière universelle et ne subit pas de corruption ; d'autre part, dans l'appétit naturel, qui désire la pérennité et ne peut être frustré, ce qui suggère que l'âme humaine est incorruptible.

127- Pourquoi l'appétit naturel des hommes suggère-t-il l'incorruptibilité de l'âme ?
L'appétit naturel des hommes, qui aspire à la pérennité et à l'être éternel, suggère que l'âme humaine est incorruptible, car ce désir ne peut être frustré et est orienté vers l'être en soi, sans limitations temporelles.

128- De quoi traite la Question 15 ?
La Question 15 traite de la capacité de l'âme humaine à connaître séparée du corps.

129- Quel est l'argument principal de Saint Thomas sur la connaissance de l'âme humaine séparée du corps ?
Saint Thomas soutient que, dans l'état actuel de la nature humaine, l'âme a besoin des sens pour connaître, car la connaissance sensible est nécessaire à l'activité intellectuelle. Cependant, lorsque l'âme est séparée du corps, elle n'a plus besoin des sens, étant alors entièrement apte à connaître par elle-même.

130- Quelle opinion les platoniciens présentent-ils sur la relation entre l'âme et les sens dans le processus de connaissance ?

Les platoniciens affirment que les sens sont nécessaires à la connaissance de l'âme, non directement, mais comme un moyen par lequel l'âme se souvient de ce qu'elle sait déjà de manière innée. À travers les sens, l'âme se réanime et se remémore les connaissances acquises avant son union au corps.

131- Selon Saint Thomas, quelles seraient les conséquences pour l'union de l'âme avec le corps si l'on suivait l'opinion des platoniciens ?

Selon les platoniciens, l'union de l'âme avec le corps semblerait inutile, puisque l'âme pourrait parfaitement opérer sans le corps. Cela serait incompatible avec la nature humaine, car il ne serait pas logique que l'union de l'âme et du corps empêche ses fonctions propres, l'âme étant plus noble que le corps.

132- Comment Saint Thomas réfute-t-il la position de Platon sur l'acquisition de la connaissance ?

Saint Thomas réfute la position platonicienne en affirmant que la science ne provient pas de la participation aux idées séparées, mais qu'elle s'acquiert par les sens. Si un sens manque, la connaissance de ce que ce sens perçoit est également perdue, démontrant que les sens sont nécessaires à la connaissance.

133- Quelle proposition Avicenne présente-t-il quant au rôle des sens dans la connaissance ?

Avicenne propose que les sens ne sont pas nécessaires en eux-mêmes pour la connaissance, mais qu'ils servent à préparer l'âme à recevoir les espèces intelligibles d'une substance séparée, appelée « intellect agent ».

134- Quelle est la principale différence entre la vision d'Avicenne et celle de Saint Thomas concernant l'usage des sens dans la connaissance ?

La principale différence est qu'Avicenne soutient que les sens ne sont pas essentiels à la connaissance et ne font que préparer l'âme à recevoir les espèces intelligibles. En revanche, Saint Thomas considère que les sens sont nécessaires non seulement pour préparer la connaissance, mais aussi pour représenter correctement les objets de celle-ci.

135- Comment Saint Thomas explique-t-il que l'âme puisse connaître sans les sens lorsqu'elle est séparée du corps ?

Saint Thomas explique que, lorsque l'âme est séparée du corps, elle se libère de l'influence des sens et peut percevoir les influences des substances supérieures sans recours aux sens. Cependant, cette perception ne sera pas aussi claire ni aussi déterminée que celle obtenue à travers les sens lorsque l'âme est unie au corps.

136- Quelles difficultés présente la conception d'une âme séparée du corps selon Saint Thomas ?

La difficulté réside dans le fait que l'âme séparée aurait besoin d'un mode différent de percevoir le savoir, car sans les sens, il n'existerait pas de *phantasmata* ou représentations sensorielles, ce qui soulève des questions sur la manière dont l'âme pourrait comprendre sans ces moyens.

137- Quelle solution Saint Thomas propose-t-il à la difficulté de la perception de l'âme séparée du corps ?

Saint Thomas propose que, bien que l'âme séparée du corps ne puisse connaître avec la même clarté que lorsqu'elle est unie à lui, elle pourra percevoir les influences des substances supérieures (anges) et connaître sans recours aux *phantasmata* corporels.

138- Quelle distinction Saint Thomas fait-il entre la connaissance que possède l'âme lorsqu'elle est unie au corps et celle qu'elle a lorsqu'elle en est séparée ?

La connaissance de l'âme unie au corps est plus déterminée et précise, car elle dépend des sens. En revanche, lorsque l'âme est séparée, elle peut recevoir la connaissance des réalités supérieures, mais pas avec la même clarté et détermination que lorsqu'elle est dans le corps.

139- Comment l'âme séparée du corps peut-elle perfectionner sa connaissance selon Saint Thomas ?

L'âme, une fois séparée, peut perfectionner sa connaissance si elle reçoit un savoir divin ou surnaturel, lui permettant de connaître pleinement la vérité, y compris la vision directe de Dieu, ce qui n'est pas possible lorsque l'âme est unie au corps.

140- Que pose la Question 16 ?
Elle pose la question de savoir si l'âme humaine, lorsqu'elle est unie au corps, peut connaître ou comprendre les substances séparées.

141- Que propose Aristote sur cette question selon Saint Thomas ?
Saint Thomas remarque qu'Aristote avait promis de traiter ce sujet dans le troisième livre du "De Anima", mais il ne l'aborde pas explicitement dans les textes qui nous sont parvenus. Cela a conduit à différentes interprétations de la part de ses disciples sur la manière de résoudre cette question.

142- Que pensent certains disciples d'Aristote au sujet de la capacité de l'âme unie au corps à comprendre les substances séparées ?
Certains disciples suggèrent que l'âme humaine, même unie au corps, est capable de comprendre les substances séparées, affirmant que cela constitue le bonheur suprême de l'homme. Cependant, il existe une variété d'opinions sur la manière dont cette compréhension s'opère.

143- Comment certains disciples expliquent-ils la capacité de l'âme à comprendre les substances séparées ?
Certains affirment que l'âme, par l'intellect agent, peut comprendre les substances séparées, mais pas de la même manière qu'elle comprend d'autres objets intelligibles, comme ceux étudiés par les sciences spéculatives à travers définitions et démonstrations. Ils attribuent à l'intellect agent la capacité de comprendre les substances séparées.

144- Quelle relation existe-t-il entre l'intellect agent et l'intellect possible selon les disciples de cette théorie ?

Dans cette perspective, l'intellect agent est comparé à l'intellect possible de la même manière que la forme est liée à la matière. L'intellect possible reçoit les intelligibilités et, au fur et à mesure qu'il les reçoit, il s'unit à l'intellect agent, ce qui lui permet de comprendre non seulement les réalités matérielles, mais aussi les substances séparées.

145- Quelles objections sont soulevées concernant la vision de l'intellect agent comme une substance séparée ?
Saint Thomas souligne que certains philosophes soutiennent que l'intellect possible est corruptible et, par conséquent, incapable de comprendre l'intellect agent ou les substances séparées. D'autres affirment que l'intellect possible est incorruptible et pourrait donc comprendre à la fois l'intellect agent et les substances séparées. Saint Thomas réfute ces deux positions, arguant qu'elles sont impossibles ou vaines, car elles contredisent les intentions d'Aristote.

146- Pourquoi l'idée que l'intellect agent est une substance séparée est-elle rejetée par Saint Thomas ?
Saint Thomas rejette cette idée parce que, selon Aristote, l'intellect agent doit s'unir à l'intellect possible pour agir en lui de manière formelle, comme une forme. Cela rendrait impossible l'interaction formelle entre deux substances séparées, comme l'intellect agent et l'intellect possible. De plus, l'idée que l'intellect agent opère par une substance séparée n'est pas compatible avec la manière dont l'intellect humain accède à la connaissance.

147- Comment est réfutée la position selon laquelle l'intellect agent pourrait nous unir formellement aux substances séparées ?
Saint Thomas réfute cette position en expliquant que, bien que l'intellect agent puisse influencer l'intellect possible, il ne peut être compris formellement par l'intermédiaire d'une substance séparée. La comparaison avec le soleil illuminant est incorrecte, car l'intellect possible ne s'unirait pas à l'intellect agent de la même manière que l'œil s'unit à la lumière du soleil.

L'AME HUMAINE

148- Quelle est la position correcte sur la manière dont l'âme humaine peut comprendre les substances séparées ?

Saint Thomas soutient que, étant donné que l'âme humaine est unie au corps et incline vers les images sensorielles, elle ne peut pas connaître directement les substances séparées. Cependant, elle peut les connaître indirectement, en reconnaissant leur existence et leur immortalité à travers les effets qu'elles produisent dans le monde matériel, comme on connaît une cause par ses effets.

149- Quelle est la relation entre le bonheur humain et la capacité de comprendre les substances séparées selon Aristote et Saint Thomas ?

Selon Aristote, le bonheur humain consiste en une activité conforme à la vertu parfaite, et parmi les vertus intellectuelles, la sagesse est la plus élevée. Cette sagesse est atteinte par la connaissance des substances séparées, mais il n'est pas nécessaire de connaître tous les objets intelligibles de manière parfaite pour atteindre le bonheur. La capacité de comprendre les substances séparées fait partie du bonheur humain, mais pas dans le sens d'une compréhension totale et immédiate.

150- Pourquoi la position selon laquelle l'âme humaine peut connaître toutes les substances séparées est-elle insoutenable ?

Saint Thomas considère cette position comme insoutenable parce que connaître toutes les substances séparées de manière complète et directe est impossible pour tout être humain dans cette vie, sauf pour le Christ, qui est Dieu et homme. De plus, Aristote n'exige pas une telle connaissance pour atteindre le bonheur humain, ce qui renforce l'idée qu'il n'est pas nécessaire de comprendre toutes les substances séparées pour atteindre le bonheur suprême.

151- Quelle conclusion finale propose Saint Thomas sur la question de la capacité de l'âme humaine à connaître les substances séparées ?

Saint Thomas conclut que l'âme humaine, unie au corps, ne peut connaître les substances séparées qu'en percevant leur existence et leurs caractéristiques générales à travers les effets qu'elles produisent dans le monde matériel. La compréhension parfaite des substances séparées est impossible dans l'état actuel de la vie humaine et n'est pas requise pour atteindre le bonheur humain selon Aristote.

152- De quoi traite la Question 17 ?
La Question 17 traite de la possibilité pour l'âme, lorsqu'elle est séparée du corps, de comprendre les substances séparées.

153- Que signifie « substances séparées » selon Saint Thomas ?
Dans cette question, les substances séparées sont les Anges et les Démons, en compagnie desquels se trouvent les âmes des hommes séparés, qu'elles soient bonnes ou mauvaises.

154- Est-il probable que les âmes des damnés ignorent les Démons ?
Il ne semble pas probable que les âmes des damnés ignorent les Démons, car ces âmes sont destinées à leur compagnie, et les Démons sont décrits comme terrifiants pour elles.

155- Est-il probable que les âmes des bienheureux ignorent les Anges?
Il semble encore moins probable que les âmes des bienheureux ignorent les Anges, car elles se réjouissent de la compagnie des Anges.

156- Comment les âmes séparées peuvent-elles connaître les substances séparées ?
Il est raisonnable que les âmes séparées puissent connaître les substances séparées, car, étant séparées du corps, leur vision n'est plus dirigée vers les choses inférieures, comme c'est le cas des âmes unies au corps, qui ne connaissent que ce qu'elles reçoivent des fantômes. Une fois séparée, l'âme peut recevoir des influences des substances supérieures sans dépendre des fantômes.

157- Comment l'âme séparée se connaîtra-t-elle elle-même ?
L'âme séparée pourra se connaître directement elle-même, en contemplant sa propre essence, sans avoir besoin de dépendre des fantômes, comme c'est le cas dans son état uni au corps.

L'AME HUMAINE

158- A quel type de substances séparées appartient l'essence de l'âme humaine ?

L'essence de l'âme humaine appartient au genre des substances séparées et intellectuelles, bien qu'elle soit la plus basse dans ce genre, car toutes les substances séparées sont des formes subsistantes.

159- Comment les âmes séparées peuvent-elles connaître d'autres substances séparées ?

Tout comme une substance séparée peut connaître une autre par l'influence reçue d'elle ou d'une cause supérieure, l'âme séparée pourra également connaître d'autres substances séparées par l'influence reçue d'elles ou d'une cause supérieure, c'est-à-dire de Dieu.

160- Comment le savoir de l'âme séparée se compare-t-il au savoir que les autres substances séparées ont entre elles ?

L'âme séparée ne connaîtra pas les substances séparées aussi parfaitement que les autres substances séparées se connaissent entre elles, car l'âme est la plus basse de ces substances et reçoit l'émanation de lumière intelligible de manière moins parfaite.

161- De quoi traite la Question 18 ?

La Question 18 traite de savoir si l'âme, séparée du corps, connaît toutes les choses naturelles.

162- Comment Saint Thomas comprend-il la connaissance que l'âme séparée a des choses naturelles ?

Saint Thomas explique que l'âme séparée comprend les choses naturelles de manière relative, c'est-à-dire de manière universelle, mais pas de manière particulière ou détaillée.

163- Comment est ordonnée la relation entre les choses de la nature ?

Saint Thomas affirme que tout ce qui se trouve dans la nature inférieure se trouve de manière plus excellente dans la nature supérieure. Ainsi, les qualités particulières qui se trouvent dans la nature inférieure, comme la chaleur et le froid, se présentent de manière plus universelle dans les corps célestes.

164- Quelle différence existe-t-il entre la connaissance que les substances corporelles ont des choses et celle des substances intellectuelles ?

Les substances corporelles ont des formes particulières et matérielles, tandis que les substances intellectuelles ont des formes immatérielles et universelles, ce qui leur permet de connaître l'essence des choses de manière plus générale et moins particulière.

165- Comment les formes sont-elles en Dieu, selon Saint Thomas ?

Saint Thomas enseigne qu'en Dieu, les formes des choses existent de manière simple et unitaire, contrairement aux créatures, où les formes et les natures sont multipliées et divisées.

166- Quelle relation existe-t-il entre la connaissance des choses par les substances intellectuelles et la connaissance des choses par Dieu ?

Saint Thomas dit que la connaissance des choses dans les substances intellectuelles est plus parfaite que celle des créatures inférieures, mais elle n'atteint pas la perfection de la connaissance que Dieu a, qui est une compréhension parfaite de toutes les choses.

167- Comment obtient-on la connaissance des espèces dans la nature ?

Saint Thomas soutient que la véritable connaissance intelligible est liée aux espèces (entendues comme les formes ou essences universelles qui existent dans les objets), car l'intellect humain, ou les substances intellectuelles en général, peuvent connaître les essences universelles des choses. Cependant, cette connaissance se réfère plus aux formes générales et universelles qu'aux individus concrets et particuliers.

168- Qu'implique la perfection de la connaissance intelligible ?

La perfection de la connaissance intelligible consiste dans la capacité de connaître les essences universelles des choses, c'est-à-dire les principes généraux qui sous-tendent les individus particuliers. Les substances intellectuelles supérieures connaissent ces formes de manière plus universelle, unifiée et directe, tandis que les inférieures les perçoivent de manière plus dispersée et particulière.

169- Comment se caractérise la connaissance de l'âme humaine lorsqu'elle est unie au corps ?

Lorsque l'âme est unie au corps, sa connaissance se limite à recevoir les espèces intelligibles des objets matériels, selon la capacité de son intellect, et dépend des sens corporels pour parvenir à la connaissance.

170- Que se passe-t-il lorsque l'âme humaine est séparée du corps ?

Lorsque l'âme est séparée du corps, elle ne reçoit plus les espèces des objets matériels, mais elle a une connaissance directe des réalités supérieures, bien que cette connaissance reste moins universelle et parfaite que celle des substances intellectuelles supérieures.

171- Comment se distingue la connaissance des âmes séparées par rapport à la connaissance naturelle des créatures inférieures ?

Les âmes séparées connaissent de manière universelle, mais pas particulière, les choses naturelles, car leur capacité intellectuelle n'est pas aussi puissante que celle des substances intellectuelles supérieures. Leur connaissance est plus générale et confuse, contrairement à la connaissance précise que possèdent les créatures supérieures.

172- Comment les âmes séparées acquièrent-elles la connaissance ?

Les âmes séparées acquièrent la connaissance par influence immédiate, non de manière graduelle ou par instruction, comme le propose Origène. Cette connaissance est acquise soudainement, en recevant l'influence des réalités supérieures.

173- Comment diffère la connaissance des âmes séparées de celle des saints par la grâce ?

La connaissance des âmes séparées est naturelle et limitée à l'universel, tandis que la connaissance des saints est d'ordre surnaturel, car, par la grâce, ils sont autorisés à voir toutes les choses dans le Verbe de Dieu, ce qui leur donne une vision plus complète et directe.

174- De quoi traite la Question 19 ?

La Question 19 traite de la question de savoir si les puissances sensitives demeurent dans l'âme séparée, c'est-à-dire si, après la mort, lorsque l'âme se sépare du corps, les facultés sensitives continuent d'exister.

175- Que sont les puissances de l'âme, selon saint Thomas ?

Saint Thomas explique que les puissances de l'âme ne font pas partie de son essence, mais qu'elles sont des propriétés naturelles qui en découlent.

176- Comment se corrompent les accidents ou propriétés ?

Les accidents se corrompent de deux manières : par leur contraire, comme la chaleur est détruite par le froid, ou par la corruption de leur sujet. Les accidents qui n'ont pas de contraire ne se détruisent que par la destruction du sujet en lequel ils se trouvent.

177- Que se passe-t-il avec les puissances de l'âme lorsque le corps se corrompt ?

Saint Thomas remarque que, puisque les puissances de l'âme n'ont pas de contraire, si elles se corrompent, cela ne peut se produire que par la corruption de leur sujet, c'est-à-dire par la destruction du corps. Par conséquent, les puissances sensitives de l'âme ne demeurent pas une fois le corps détruit.

178- Quel est le sujet des puissances sensitives, selon Saint Thomas ?

Le sujet des puissances est ce qui a la capacité d'agir ou de recevoir l'action. Dans ce cas, le corps est le sujet des puissances sensitives, car les actions sensitives dépendent de l'interaction entre l'âme et le corps.

179- Que pensaient les philosophes des opérations de la partie sensitive de l'âme ?

Platon pensait que l'âme sensitive avait des opérations propres et que l'âme était capable de se mouvoir elle-même, en déplaçant le corps seulement dans la mesure où elle était elle-même déplacée. Selon les disciples de Platon, il existait des opérations internes, qui se produisaient dans l'âme, et des opérations externes, qui se produisaient lorsque le corps était déplacé.

180- Pourquoi Saint Thomas réfute-t-il la position des disciples de Platon ?

Saint Thomas réfute cette position en soutenant que si l'âme sensitive avait des opérations propres, elle aurait aussi une subsistance propre et ne se corromprait pas avec la mort du corps. Cela impliquerait que les âmes des animaux seraient immortelles, ce qui est impossible. Par conséquent, les opérations sensitives ne peuvent pas être indépendantes du corps.

181- Comment est expliquée la relation entre l'âme et les puissances sensitives dans l'être composé ?

Saint Thomas explique que les puissances sensitives appartiennent à l'être composé, c'est-à-dire au corps animé, mais dépendent de l'âme comme principe. L'âme n'agit pas directement, mais par elle, le corps accomplit les fonctions sensitives. Ainsi, l'être composé voit, entend et ressent, mais par l'intermédiaire de l'âme.

182- Que se passe-t-il avec les puissances sensitives de l'âme une fois le corps détruit ?

Une fois le corps détruit, les puissances sensitives de l'âme se détruisent quant à leur action, mais demeurent dans l'âme comme en leur racine, comme un principe potentiel, bien qu'elles n'agissent plus dans l'état de séparation.

183- De quoi traite la Question 20 ?

La Question 20 traite de la possibilité pour l'âme séparée de connaître les entités singulières.

184- Que dit saint Thomas au sujet de la connaissance des êtres singuliers par l'âme séparée ?

Saint Thomas affirme que l'âme séparée connaît certains êtres singuliers, mais pas tous.

185- Quel type d'êtres singuliers connaît l'âme séparée ?

L'âme séparée connaît ceux qu'elle a connus précédemment lorsqu'elle était unie au corps, ainsi que quelques autres qu'elle connaît après la séparation.

186- Pourquoi est-il nécessaire que l'âme séparée se souvienne des choses qu'elle a faites dans la vie ?

Il est nécessaire que le "ver de la conscience" ne disparaisse pas dans l'âme séparée, ce qui implique un souvenir des actions passées.

187- Comment Saint Thomas explique-t-il que l'âme séparée puisse souffrir des châtiments corporels en enfer ?

L'âme séparée connaît certains êtres singuliers après la séparation du corps, ce qui lui permet de subir des châtiments corporels en enfer.

188- L'âme séparée connaît-elle tous les êtres singuliers dans sa connaissance naturelle ?

Non, Saint Thomas explique que l'âme séparée ne connaît pas tous les êtres singuliers dans sa connaissance naturelle.

189- De quoi parle Saint Thomas lorsqu'il évoque la "difficulté commune" sur la connaissance des singuliers ?

La difficulté commune réside dans le fait que l'intellect semble être seulement cognitif des universaux et non des singuliers.

190- Comment Saint Thomas justifie-t-il que Dieu et les anges connaissent les singuliers ?

Il justifie que Dieu et les anges connaissent les singuliers par leur connaissance des causes universelles et de l'ordre universel.

191- Pourquoi certains penseurs ont-ils soutenu que Dieu et les anges ne connaissent pas les singuliers ?

Ils ont soutenu cela parce que l'intellect, dans sa fonction naturelle, semble être orienté seulement vers la connaissance des universaux.

192- Quel est le problème avec la connaissance des singuliers par la connaissance des causes universelles ?

Le problème est que, même si les causes universelles sont connues, cela ne suffit pas pour la véritable connaissance des singuliers, car ceux-ci ne se dérivent pas simplement de la combinaison des universaux.

193- Quel exemple utilise Saint Thomas pour expliquer l'insuffisance de la connaissance des universaux pour connaître les singuliers ?

Il utilise l'exemple de connaître l'ordre des astres pour prédire les éclipses, en affirmant que cela ne permet pas de connaître un eclipse en particulier.

194- Quelle solution propose Saint Thomas pour que l'âme séparée et les anges puissent connaître les singuliers ?

Il propose que les formes intelligibles dérivées de Dieu sont des ressemblances des choses tant dans leur forme que dans leur matière, ce qui permet la connaissance des singuliers.

195- Pourquoi n'est-il pas possible que l'âme séparée connaisse directement les singuliers à partir des choses matérielles ?

Parce qu'il existe une grande distance entre le matériel et l'intelligible, et les formes des choses ne peuvent pas passer directement à l'intellect d'un être immatériel.

196- Comment Saint Thomas conçoit-il que les substances séparées connaissent les singuliers ?

Il considère qu'elles connaissent les singuliers à travers des formes intelligibles émanant de la sagesse divine, qui sont des représentations des choses dans leur forme et leur matière.

197- En quoi les anges diffèrent-ils de l'âme séparée en ce qui concerne la connaissance des singuliers ?
Les anges possèdent une capacité de connaissance proportionnelle aux formes universelles en eux, leur permettant de connaître tous les singuliers au sein des espèces. En revanche, l'âme séparée a une capacité de connaissance limitée et ne connaît pas tous les singuliers de manière complète.

198- Quels éléments spécifiques l'âme séparée peut-elle connaître selon Saint Thomas ?
Elle peut connaître ceux des singuliers auxquels elle a une inclination particulière, comme ceux qui l'affectent ou laissent des impressions et des vestiges en elle.

199- Pourquoi la connaissance de l'âme séparée est-elle limitée à certains singuliers ?
Parce que la connaissance est déterminée par la nature réceptive de l'âme, qui a une manière de recevoir les formes en fonction de son inclination ou de son expérience.

200- Quelle conclusion Saint Thomas tire-t-il sur la capacité de l'âme séparée à connaître les singuliers ?
Il conclut que l'âme séparée peut connaître certains singuliers, mais pas tous, et sa connaissance dépend de sa relation particulière ou de son impression avec ces singuliers.

201- De quoi traite la Question 21 ?
La Question 21 se demande si l'âme séparée peut souffrir de la peine due au feu corporel.

202- Quelle est l'opinion de certains sur la peine de l'âme due au feu ?

Certains soutiennent que l'âme ne souffre pas de la peine d'un feu corporel, mais que son affliction spirituelle est représentée métaphoriquement sous forme de feu dans les Écritures. C'était l'opinion d'Origène.

203- Pourquoi cette explication n'est-elle pas suffisante selon Saint Thomas ?

Elle n'est pas suffisante car, selon saint Augustin, il faut comprendre que le feu est corporel, car il est aussi dit que ce feu affecte les corps des condamnés, ainsi que les démons et les âmes.

204- Quelle est la deuxième opinion sur la peine de l'âme par le feu corporel ?

La deuxième opinion affirme que le feu est corporel, mais que l'âme ne souffre pas directement de lui, mais à travers sa similitude dans une vision imaginaire, comme dans les rêves où l'on souffre en voyant quelque chose de terrifiant, bien que cela ne soit pas réel.

205- Pourquoi Saint Thomas rejette-t-il cette deuxième opinion ?

Saint Thomas la rejette parce que les facultés sensitives, y compris l'imagination, ne demeurent pas dans l'âme séparée.

206- Comment l'âme séparée souffre-t-elle de la peine du feu ?

Saint Thomas conclut que l'âme séparée souffre par le même feu corporel, bien qu'il soit difficile de préciser comment cette souffrance se manifeste.

207- Que dit Saint Grégoire sur la manière dont l'âme éprouve le feu?

Saint Grégoire mentionne que l'âme souffre du feu par le fait de le voir, bien que saint Thomas remette en question cette explication, car voir est normalement quelque chose de plaisant, non d'affligeant.

208- Quelle est une autre explication sur la souffrance de l'âme par le feu ?

Une autre explication est que l'âme, en voyant le feu et en le percevant comme nuisible, se tourmente. Saint Grégoire mentionne que l'âme souffre parce qu'elle se voit elle-même en train de brûler.

209- Le feu est-il véritablement nuisible pour l'âme ?

Saint Thomas soutient que, si le feu n'était pas réellement nuisible, l'âme se tromperait en le percevant ainsi, ce qui ne semble pas raisonnable, notamment dans le cas des démons, qui ont une grande acuité intellectuelle.

210- Quelle conclusion saint Thomas tire-t-il sur la nature du feu ?

Il conclut que le feu corporel est réellement nuisible à l'âme, car ce feu, par le pouvoir divin, agit comme un instrument de la justice divine.

211- Comment un feu corporel peut-il affecter une substance incorporelle comme l'âme ?

Saint Thomas explique que l'âme ne souffre pas d'une altération ou destruction directe du feu, mais qu'elle souffre parce que le feu empêche son inclination naturelle de ne pas être soumise à un lieu déterminé.

212- Quel type de souffrance l'âme éprouve-t-elle en raison de cette limitation ?

L'âme éprouve une tristesse intérieure, car elle perçoit le feu comme contraire à sa nature, ce qui l'afflige.

213- Quelle est la plus grande affliction des âmes condamnées, selon Saint Thomas ?

La plus grande affliction est leur séparation de Dieu.

NOTES

[1] Cfr. DE AQUINO, TOMÁS. *Cuestiones disputadas sobre el alma. Traducción y notas de Ezequiel Téllez Estudio preliminar y revisión de Juan Cruz Cruz*. Ediciones Universidad de Navarra, S.A. (EUNSA). Edición digital de @elteologo Agosto de 2014. Pages LV-LXXII.

[2] L'intellect agent, selon l'explication thomiste, ne crée pas des concepts et des idées en lui-même ; son rôle est plutôt de rendre intelligibles en acte les idées potentielles dans notre esprit, c'est-à-dire de les rendre réellement compréhensibles. Il fait cela en abstraiant des formes ou espèces intelligibles à partir des images ou *phantasmata*, qui sont les représentations sensibles des choses que nous percevons.

Pour comprendre quand l'intellect agent réalise cette fonction, il est utile de penser au processus en deux parties :

1. Réception des *phantasmata* (images sensibles) : Lorsque nous percevons quelque chose par les sens, notre intellect possible ne peut pas comprendre directement ces images ou *phantasmata*, car ils sont liés à leurs caractéristiques individuelles et matérielles. Par exemple, en voyant une fleur, l'image mentale que nous générons est remplie de détails individuels (sa couleur, sa taille spécifique, etc.).

2. Abstraction du concept ou de l'idée universelle : C'est ici que l'intellect agent intervient. Sa fonction est "d'éclairer" ou d'abstraire la forme universelle (par exemple, "florité" en général) à partir du cas particulier. En faisant cela, il élimine les aspects matériels et contingents de l'image sensible, ne laissant que l'essence universelle de la "fleur". Cette essence abstraite est ensuite saisie par l'intellect possible, qui la comprend comme un concept ou une idée.

L'intellect possible est celui qui formule et possède le concept universel de "fleur".

L'intellect agent ne formule pas le concept en soi, mais réalise le travail d'abstraction en éliminant les particularités des images sensorielles (comme les aspects spécifiques d'une fleur particulière) et en extrayant la forme commune, c'est-à-dire ce qui est essentiel et universel dans toutes les fleurs. Ce processus d'abstraction rend possible la saisie et la formulation par l'intellect possible du concept de "fleur" comme quelque chose d'universel.

Ainsi, l'intellect agent prépare le terrain pour que l'intellect possible puisse formuler le concept universel de "fleur". Les deux sont nécessaires au processus, mais l'intellect possible est celui qui, finalement, élabore et formule le concept abstrait, comme dans ce cas celui de "fleur".

³À première vue, il semble étrange de comparer des choses aussi différentes que les corps et les âmes. Cependant, dans le contexte philosophique et théologique où cet argument est présenté, la connexion entre les deux est comprise à travers le concept de *perfection* en fonction de leur finalité et de leur ordre dans l'univers.

Pour mieux expliquer cela : dans la philosophie scolastique, en particulier dans la pensée de saint Thomas d'Aquin, chaque être possède une perfection ou une plénitude qui le réalise dans son mode d'être propre. On considère que certains êtres ont une plus grande perfection lorsqu'ils accomplissent une fonction plus noble dans l'ordre de l'univers. Ainsi, bien que les corps (comme les corps célestes) et les âmes (comme l'âme rationnelle humaine) soient distincts par leur nature, on peut les comparer en termes de la noblesse de la perfection qu'ils atteignent.

Ici, les corps célestes sont considérés comme particulièrement nobles et parfaits car, dans la vision médiévale, ils ne se décomposent pas, ne subissent pas la corruption et se déplacent éternellement sur des orbites régulières, ce qui les rend plus "parfaits" ou "achevés" dans leur ordre physique que les corps terrestres. Cependant, l'âme rationnelle humaine est considérée comme supérieure dans un autre sens : sa perfection réside dans sa capacité de connaissance et d'amour intellectuels, dans sa capacité de connaître les vérités éternelles, ce qui est compris comme une forme de "perfection" encore plus grande.

La connexion entre les deux réside donc dans l'idée de "perfection" selon leur finalité et leur fonction dans l'univers. Ainsi, la comparaison cherche à comprendre si le corps humain, perfectionné par une âme rationnelle, possède une forme de perfection distincte ou même supérieure à celle d'un corps céleste perfectionné par une substance spirituelle qui le meut. Dans cette logique, l'âme humaine, bien qu'unie à un corps corruptible, accomplit une fonction supérieure par sa capacité intellectuelle, qui est considérée comme le plus haut but dans l'ordre créé.

C'est pourquoi l'argument ne compare pas ce que sont le corps et l'âme, mais le type et le degré de perfection que chacun atteint selon le rôle qu'il remplit dans l'ordre de l'univers.

⁴Dans ce contexte, la contrariété se réfère à la présence de qualités opposées ou en conflit dans le corps humain, ce qui le rend susceptible au changement, à l'usure et, en fin de compte, à la destruction. Dans la philosophie aristotélico-thomiste, les corps sublunaires (c'est-à-dire ceux qui existent dans le monde terrestre) sont soumis à des qualités contraires, comme la chaleur et le froid, ou l'humidité et la sécheresse. Ces qualités

opposées interagissent et, ce faisant, causent l'usure et la corruption des corps physiques.

[5] Œuvre faussement attribuée à Saint Augustin mais en réalité appartenant à Alcher de Clairvaux, moine cistercien.

[6] Le texte suggère que toutes les parties du corps ne sont pas organiques parce que l'âme, dans la conception aristotélique, agit comme le principe vital qui anime et donne forme à un corps structuré pour la vie. Les parties du corps considérées comme "organiques" sont celles qui ont une fonction vitale et sont interconnectées de manière à contribuer au fonctionnement de l'organisme dans son ensemble. Par exemple, des organes comme le cœur, les poumons ou le foie ont des rôles spécifiques qui permettent la vie de l'être humain.

Cependant, il existe des parties du corps, comme les cheveux, les ongles ou même certaines structures osseuses, qui ne sont pas directement liées à la vie ou à la fonction organique de la même manière. Ces parties ne sont pas "organiques" dans le sens où elles ne contribuent pas activement aux fonctions vitales de l'organisme. Par conséquent, l'âme, en tant que principe de vie et forme substantielle, ne peut pas être présente dans ces parties de la même manière que dans les organes qui soutiennent et permettent effectivement la vie.

Ainsi, l'idée est que l'âme est présente dans les parties du corps qui ont une fonction vitale et qui peuvent participer au processus de la vie, tandis que dans les parties non organiques, la relation avec l'âme est différente, car elles ne possèdent pas cette capacité d'animation et de vitalité qui définit l'organique.

[7] <u>La division quantitative</u> fait référence à la manière dont nous concevons un tout en termes de ses dimensions physiques ou de ses quantités. Cette perspective considère le corps comme un être qui peut être divisé en parties selon sa taille, son volume ou son étendue. Dans ce sens, une chose peut être considérée comme "totale" par rapport à sa taille, où la totalité est comprise comme la somme de ses parties. Par exemple, un objet comme une table est un tout en raison de sa taille et des parties qui le composent (le plateau, les pieds, etc.). Cependant, cette conception de la totalité est plus superficielle, car elle ne traite pas de l'essence de l'objet en soi, mais seulement de sa disposition physique. Dans le cas de l'âme, cette division ne s'applique pas de la même manière, car l'âme ne peut être mesurée ni divisée quantitativement ; sa nature transcende les dimensions physiques.

<u>La division essentielle</u> se centre sur la relation intrinsèque entre la forme et la matière qui constituent un composé. Dans ce contexte, un être est considéré comme un tout en vertu de son essence, où la forme est ce

qui lui donne identité et spécificité, et la matière est le substrat dans lequel cette forme se réalise. Par exemple, dans le cas d'un être humain, l'âme est la forme qui donne vie et spécificité au corps, constituant ainsi un unique être. Cette perspective souligne que pour qu'un composé soit un tout, il doit y avoir une intégration significative de ses parties par rapport à son essence. Cela signifie que les parties n'existent pas seulement ensemble, mais qu'elles sont constitutivement unies par la forme qui leur confère unité et signification. En ce sens, l'âme est présente dans chaque partie du corps comme sa forme, ce qui fait que chaque partie participe de l'identité du tout.

<u>La division par puissance ou vertu</u> se réfère à la manière dont une forme peut agir ou se réaliser à travers ses parties. Cette conception de la totalité se concentre sur les capacités et les opérations qu'une entité peut exercer, en tenant compte que différentes parties peuvent avoir des rôles et fonctions distincts par rapport à l'activité du tout. Par exemple, dans un organisme, le cœur et les poumons ont des fonctions spécifiques qui contribuent à la santé et au bon fonctionnement du corps. Ainsi, l'âme, bien qu'elle soit présente dans chaque partie du corps, n'exerce pas sa puissance de manière uniforme dans toutes ces parties. Certaines parties sont responsables de fonctions qui requièrent une manifestation plus intense de la vertu de l'âme, comme l'intelligence ou la volonté, tandis que d'autres parties accomplissent des fonctions plus basiques et mécaniques. Cette dimension met en évidence que la totalité ne peut pas être comprise uniquement du point de vue de la forme ou de la matière, mais qu'il faut également tenir compte des diverses capacités et rôles des parties dans le fonctionnement de l'être entier.

Dans l'ensemble, ces trois modes offrent une compréhension riche et multifacette de la totalité, permettant de dévoiler la relation complexe entre l'âme et le corps, ainsi que la nature des êtres en général. En considérant ces modes, on obtient une vision plus complète qui ne se limite pas à la structure physique, mais qui prend également en compte l'essence et les capacités opératoires des êtres.

[8]La phrase "chaque genre a une unique contrariété principale" se réfère au fait que dans chaque genre ou catégorie de qualités, il existe une paire d'opposés fondamentaux qui représentent cette catégorie. En philosophie, un "genre" est une catégorie large qui inclut différentes espèces ou types, et une "contrariété" est une opposition fondamentale entre deux termes.

Dans ce contexte, le texte suggère que si les puissances sensorielles (comme le sens du toucher ou de la vue) se diversifient selon différents genres de qualités (par exemple, les couleurs pour la vue ou les températures pour le toucher), chaque genre aurait alors une contrariété principale. Cela impliquerait que chaque sens devrait avoir différentes puissances pour percevoir ces contrariétés. Cependant, le texte souligne que cela ne se produit pas dans tous les sens ; par exemple, au toucher, il n'y a pas de divisions aussi claires entre opposés tels que "chaleur" et "froid", "doux" et "dur", tous étant perçus sans avoir besoin de puissances distinctes.

[9]Dans ce contexte, "contrariétés" se réfère à la présence d'éléments opposés ou conflictuels qui, dans d'autres êtres, pourraient entraîner la corruption ou la dissolution. Voici quelques exemples de ce qui pourrait être interprété comme des "contrariétés" dans l'âme :

1- <u>Volonté vs. Appétits</u> - Les appétits ou désirs peuvent parfois sembler opposés à la volonté rationnelle, car une personne peut désirer quelque chose que sa raison lui dit qu'il n'est pas bon. Bien que cela semble être une contrariété interne, l'argument suggère que ces désirs et décisions n'impliquent pas un conflit qui corromprait l'essence de l'âme.

2- <u>Connaissance intellectuelle vs. Connaissance sensible</u> - La perception sensible et la connaissance intellectuelle peuvent mener à des jugements différents. Par exemple, l'intellect pourrait reconnaître un objet comme nuisible, tandis que les sens le trouvent agréable. Cependant, cette différence dans les jugements ne corrompt pas l'âme, mais reste sans causer de division dans son être essentiel.

3- <u>Amour vs. Haine</u> - Dans les émotions, quelqu'un peut éprouver de l'amour pour un aspect d'une situation et de la haine pour un autre. Cette dualité pourrait sembler une contrariété, mais l'âme humaine peut contenir ces deux dispositions sans que cela implique corruption ou division dans son essence.

4- <u>Raison vs. Émotions impulsives</u> - La raison cherche souvent à contrôler ou modérer les émotions impulsives, telles que la colère ou la tristesse. Bien que cette relation puisse sembler une contrariété, elle ne se manifeste pas comme une division destructrice dans l'âme qui mènerait à sa corruption.

L'argument soutient que ces apparentes contrariétés ne compromettent pas l'unité essentielle de l'âme. Contrairement aux réalités matérielles, qui peuvent se décomposer en raison de conflits entre éléments opposés, l'âme conserve une nature unifiée et, par conséquent, incorruptible.

[10]Saint Augustin se rétracte dans son œuvre *Retractationes* sur plusieurs affirmations et concepts qu'il avait exprimés précédemment dans ses écrits, notamment concernant la nature de l'Enfer. L'un des points clés mentionnés est la notion selon laquelle l'Enfer est un lieu physique, au sens

d'un espace géographique sous la terre. En particulier, dans son commentaire sur la *Genèse (De Genesi ad litteram)*, Augustin reconnaît que sa compréhension de la localisation de l'Enfer en tant que lieu concret pourrait ne pas être entièrement précise et qu'il est plus approprié de le considérer en termes d'un état ou d'une condition de séparation de Dieu.

De plus, Augustin mentionne également que la représentation de l'Enfer en termes de souffrances physiques et de l'existence d'un lieu de tourment doit être comprise de manière plus symbolique que littérale. Dans ce sens, sa rétractation suggère que l'Enfer ne doit pas être vu uniquement comme un espace géographique spécifique, mais comme une réalité spirituelle impliquant l'absence de la grâce divine et la souffrance résultant de cette séparation.

Cette réévaluation influence l'interprétation théologique de la nature de l'Enfer et la manière dont les arguments à son sujet doivent être abordés, comme le souligne Saint Thomas dans sa réponse aux arguments qui semblent affirmer que les puissances sensibles subsistent dans l'âme séparée.

[11]Les "intentions individuelles" et les "intentions universelles" sont des termes importants dans la théorie de la connaissance.

1- <u>Intentions individuelles</u>. Ce sont les formes ou représentations mentales spécifiques que l'âme acquiert par les sens lorsqu'elle interagit avec des objets particuliers et singuliers dans le monde. Ces intentions sont individuelles parce qu'elles sont liées à des expériences sensorielles directes et particulières, comme une personne spécifique, un objet particulier ou un événement unique. Ces intentions résident dans les facultés sensibles de l'âme (mémoire, imagination) et dépendent de la présence du corps et de ses organes sensoriels. Lorsque l'âme est séparée du corps, elle perd la capacité de maintenir ces intentions individuelles, car elle n'a plus d'accès direct aux facultés sensibles.

2- <u>Intentions universelles</u>. Ce sont des représentations mentales de la nature commune ou essentielle des objets, abstraites de leurs caractéristiques particulières. Lorsque l'intellect connaît quelque chose, il abstrait une "espèce" universelle, une idée qui ne se réfère pas à un individu particulier, mais à la nature générale d'une chose (par exemple, l'"humanité" plutôt qu'une personne concrète). Les intentions universelles résident dans l'entendement et, contrairement aux intentions individuelles, peuvent subsister dans l'âme séparée du corps. Cependant, ces intentions ne permettent pas de connaître le singulier, car elles sont abstraites et générales.

Dans le texte, il est expliqué que l'âme séparée ne peut pas connaître le singulier à travers les formes qu'elle a acquises dans le corps ni à travers les formes qui pourraient être infusées divinement, car ces formes ou espèces universelles se rapportent aux objets en général et non aux cas particuliers. Cela soulève la limitation de la connaissance singulière pour l'âme dans son état séparé du corps.

[12]La quintessence, dans l'ancienne philosophie et cosmologie, représentait un élément spécial dont étaient formés les corps célestes, considérés comme incorruptibles. Souvent, cet élément était connu sous le nom d'éther, une substance légère qui remplissait l'espace et à travers laquelle on croyait que la lumière et d'autres forces cosmiques se transmettaient. Contrairement aux quatre éléments traditionnels—feu, air, terre et eau—qui constituaient les corps terrestres et étaient vus comme corruptibles, la quintessence appartenait exclusivement au monde supralunaire. Ce dernier était conçu comme un royaume de perfection et d'éternité, en opposition au monde sublunaire, où la corruption et le changement étaient inévitables. Ainsi, la quintessence se dresse comme un élément éthéré et divin, reflétant une hiérarchie dans la nature où elle occupe une position supérieure, s'associant à l'éternel et au transcendant.

www.ingramcontent.com/pod-product-compliance
Lightning Source LLC
Chambersburg PA
CBHW082244220526
45469CB00009B/2870